20几岁，一个我们**赌不起**未来的年龄！

20几岁心里有数，才会在30岁以后脚下有路；

20几岁主宰自己，才会在30岁以后决定人生。

20几岁，该挣的不只是薪水

宇琦 编著

中国華僑出版社

图书在版编目(CIP)数据

20几岁,该挣的不只是薪水 / 宇琦编著.—北京:
中国华侨出版社,2010.8
ISBN 978-7-5113-0577-0

Ⅰ.①2… Ⅱ.①宇… Ⅲ.①成功心理学-青年读物
Ⅳ.①B848.4-49

中国版本图书馆CIP数据核字(2010)第150683号

20几岁,该挣的不只是薪水

编　　著 / 宇　琦
责任编辑 / 梁兆祺
责任校对 / 雷一平
经　　销 / 新华书店
开　　本 / 787×1092毫米　1/16开　印张/17　字数/258千字
印　　刷 / 北京建泰印刷有限公司
版　　次 / 2010年11月第1版　2010年11月第1次印刷
书　　号 / ISBN 978-7-5113-0577-0
定　　价 / 29.80元

中国华侨出版社　北京市安定路20号院3号楼　邮编:100029
法律顾问:陈鹰律师事务所
编辑部:(010)64443056　64443979
发行部:(010)64443051　传真:(010)64439708
网址:www.oveaschin.com
E-mail:oveaschin@sina.com

前言

职场不是终点而是起点

20 几岁是人生的一个新的开始，20 几岁刚踏入职场的年轻人往往是满怀抱负，都希望自己的职场前途能有好的发展。职场对于 20 几岁的年轻人来说是一个崭新的领域，你不再是小孩子了，要开始面对职场上的纷纷扰扰。这时的我们难道仅仅只向钱看齐，紧紧抓住薪水不放吗？还是该趁着年轻，多学习一些职场生存之道，多争取一些薪水之外的东西呢？

职场中的诱惑越来越多，竞争也越来越惨烈，如果 20 几岁的年轻人不能给自己定位，为自己做好职业规划，那么可能出现的现象是有了机遇看不到，找到的又不是自己适合的；或者找错了大方向，改变起来很难；或者得到的又轻易失去，走了好多弯路；或者精力分散，失去自己的优势地位。

有的 20 几岁的年轻人选择工作，用现实的报酬作为准则，哪里钱多去哪里，什么时尚去哪里，最终会发现头几年可能在待遇上是有一些差距，但是工作几年后薪资的多少差距并不大，风水轮流转，今天时尚的过几年不时尚了，从前挣钱容易过几年挣钱不容易。有的 20 几岁的年轻人在职业上摇摆不定，使得单位不敢委以重任；还有的 20 几岁的年轻人经常换工作，使得朋友们不敢积极相助。20 几岁的年轻人如果职业定位不准，就好像游移的目标，让人看不清真实的面目。 有的人凭借机遇获得一个好职位，但是却轻易地放弃了。很多人事业上发展不顺利不是因为能力不够，而是选择了并不适合自己的工作，把时间浪费了。

20几岁刚踏入职场的年轻人要学会为自己的未来投资。时间是个宝贵的东西，它是不会为某个人停留的，20几岁的年轻人只有靠自己来抓住时间，不让光阴在岁月中无声息的流淌。在有限的时间里我们要具备学习的能力，充实自己，增加自己的阅历经验，开阔自己的眼界，抓住潜在的机遇，增强自己的做事能力，进而提高自己的竞争力。同时，20几岁的年轻人要学会以自己的忠诚度和信任度赢得更多的声誉，赢得上司和下属的尊重和信任，更好的实现自己的职业规划和人生定位。

目　录

contens

第一章 20几岁该挣的不只是薪水，是职业规划

生命有限，干事业要趁早 …… 2

选对行业，你就成功了一半 …… 4

术业有专攻，做专业领域的第一 …… 9

脚踏实地，做力所能及之事 …… 13

认识自我，合理规划职业生涯 …… 15

谋定而后动，找准职场成功的“站点” …… 18

不要轻易丢掉专业优势 …… 21

信念不倒，兼顾理想和现实 …… 23

第二章 20几岁该挣的不只是薪水，是职场印象

送你一把混迹职场的“万能钥匙” …… 28

每个人都喜欢那些对自己赞美有加的人 …… 32

水至清则无鱼，人至察则无友 …… 35

过犹不及，说的永远比需要的少 …… 36
行走职场，不妨试试“曲线沟通” …… 41
面子很重要，但不是最重要 …… 43
千万拿捏好办公室“白色谎言”的尺度 …… 46
卸下“过度防卫”的包袱 …… 48

第三章
20 几岁该挣的不只是薪水，是口碑指数

“推销”自己是一生都要做的事情 …… 52
不仅要会做事，还要会“作秀” …… 53
尽量让更多的人关注自己 …… 56
善于让自己进入领导的视野 …… 58
主动做别人不愿意做的“苦差事” …… 61
热情地公开拥抱你的竞争对手 …… 62
以良好的名声赢得“群众基础” …… 64

第四章
20 几岁该挣的不只是薪水，是良好人缘

不要错过培育人缘的黄金时期 …… 68

莫让狭隘的交际观念成为你的绊脚石 …………………………………… 70
网罗人心，打造黄金人脉网 ………………………………………………… 71
善于沟通，打好"人脉"这张王牌 …………………………………………… 76
适时变通，好人缘才可以左右逢源 ………………………………………… 80
推销自己，在朋友中寻求发展机遇 ………………………………………… 84
化敌为友，扩展你的人缘范围 ……………………………………………… 87
让领导对你"一见倾心"的妙招 ……………………………………………… 88

第五章

20几岁该挣的不只是薪水，是贵人资源

篱笆立靠桩，人立要靠帮 ………………………………………………… 94
争取到自己的职场"贵人" …………………………………………………… 96
察言观色说漂亮的借力话 …………………………………………………… 98
借贵人给自己打个背景光 …………………………………………………… 101
职场的捷径：跟对好上司 …………………………………………………… 102
爬上"大人物"的肩膀 ………………………………………………………… 104
向贵人表达谢意 ……………………………………………………………… 106

第六章

20 几岁该挣的不只是薪水，是阅历经验

微薄薪水如能换来真经验也是超值的 …… 110

工作不要急躁，让自己多点耐心 …… 112

要懂取舍之道，职场经验穿梭的隧道 …… 115

索取有度，知"经验"常乐 …… 116

学会取舍，笑对职场得失 …… 118

在取舍之间笑傲职场陷阱 …… 119

升职和经验之间自有取舍 …… 122

第七章

20 几岁该挣的不只是薪水，是竞争能力

竞争可成就也可毁灭一个人 …… 126

从容面对，学会欣赏竞争对手 …… 127

竞争有道，保持君子风度 …… 131

直面竞争对手，争取双赢 …… 133

不要错过你的竞争对手 …… 134

把对手成功转化为朋友 …………………………………………………… 136

超越自己就超越了对手 …………………………………………………… 138

想有竞争力，就努力把业绩提上去 ……………………………………… 141

第八章

20几岁该挣的不只是薪水，是信任感

以诚取信，千万不要因为利益欺骗别人 ………………………………… 146

直率交流，让别人打心眼里信服你 ……………………………………… 149

负起责任，做能让人托付之人 …………………………………………… 151

从小处着眼，技巧性的拉近信任距离 …………………………………… 153

运用潜意识，不知不觉赢得对方的信任 ………………………………… 155

掌握攻心技巧，努力成为对方的知己 …………………………………… 157

尊重他人，让对方感受到你的诚意 ……………………………………… 160

积极主动地交往，给予对方持续的信任 ………………………………… 163

第九章

20几岁该挣的不只是薪水，是忠诚度

忠诚是永不过时的职场王牌 ……………………………………………… 168

千万不要与上司争抢“镜头” …………………………………………… 170

不要显得比上司还要聪明能干 …… 172
可以功高,但万不可以功高震主 …… 175
与老板同舟共济,与公司荣辱与共 …… 177
有时候忠诚胜于能力 …… 180
急上司之所急,忧上司之所忧 …… 183
得罪上司啦? 你也可以力挽狂澜 …… 185

第十章 20几岁该挣的不只是薪水,是行动效率

成功不会是天上掉下的馅饼 …… 190
莫让自己输在行动这一起跑线上 …… 191
说一百次不如行动一次 …… 193
用行动打破镜中花和水中月的迷梦 …… 195
停止空想,开始行动 …… 199
此时不做,更待何时 …… 201
机会总是留给一直行动的人 …… 203
眼高手低往往难堪重任 …… 205

第十一章
20几岁该挣的不只是薪水，是充电学习

每一天都要做好被淘汰的准备 …… 210
不满意眼下的工作，就把它当作“竞走”机会 …… 211
每天每时每地不断学习 …… 214
永远不要心高气傲，三人行则必有我师 …… 216
处处留心皆学问 …… 218
学有专攻，不断提高职业技能 …… 220
大胆投资自己，精英也要更新知识结构 …… 221

第十二章
20几岁该挣的不只是薪水，是宽广眼界

眼界决定你的职业世界 …… 226
别让职场成功的“发动机”熄灭 …… 228
挖掘潜质，实现雄心壮志 …… 229
不想做将军的士兵不是好士兵 …… 231
站的高，才能看得远 …… 233

安于现状，只能走向平庸 …… 234
雄心壮志要适合自身的性格发展 …… 236

第十三章

20几岁该挣的不只是薪水，是潜在机遇

跳槽还是卧槽，机遇总难把握 …… 244
与其等待机遇，不如创造机遇 …… 247
即使是万分之一的机会，也不要放弃 …… 249
山穷水尽疑无路时也有机遇 …… 251
机遇偏爱能谋善断的头脑 …… 252
机遇来自执著的追求 …… 255
机遇来临，紧紧把握住就能更上一层楼 …… 257

第一章

20几岁该挣的不只是薪水，是职业规划

20几岁，你在干什么？你又在拼命的争着什么呢？也许你已经是一个职场菜鸟了，朝九晚五的职场生活，刚踏入职场的艰难磨砺，都让你苦不堪言，然而却拿着微薄得不能再微薄的薪水；也许你还是一名在校的学生，每日拿着父母的血汗钱挥霍着难得的读书时光；也许你敢想敢拼搏，跃跃欲试着要创业，却总是一次一次的失败着。这些情景，也许正是你现在生活的写照。然而，20几岁的你真正知道自己在做什么呢？在这青春的美好时光中，你知道自己最应该争取的是什么吗？也许，这时的你，最需要争的不是薪水，不是你现时下能挣多少钱，而是长远的职业规划。

生命有限，干事业要趁早

出名要趁早，成名要趁早，干事业更要趁早。人的一生是那么的短暂，生命是有限的，因此，干事业要趁早，毕竟30岁，我们可以没有任何牵绊的去闯，30岁以后就要考虑到安定了，就会有家庭和孩子的牵绊，没办法像20几岁的时候那样放开拳脚，没有任何牵绊的去闯。

人生有几十年的航程，需要一步一个脚印地走下去。多少人哀叹自己年轻时运不济、命运多舛，到老来一事无成。殊不知命运并不是单单不喜欢他们，而是他们在人生的前一段航程里没有把握好自己，让自己随波逐流，更别说干事业了。正如歌德所言："谁过玩世的日子，就不能成事；谁不听命于自己，就永远是奴隶。"多少白发苍苍的老人，回首往事，因为一事无成而自责，因虚度年华而悔恨，因放松自己而羞愧。

年轻意味着时间的富裕，健壮的体魄，敏捷的情思，无忧的心绪。最富有的东西，是最容易被轻视、糟蹋的东西；最缺少的东西，也是最渴望得到、最珍惜的东西。长处往往导致弱点：富有时间——来日方长，浪费点没啥；情思敏捷——一学就会，不求甚解；体魄健壮——啥都能干，何须忙于去做；心绪无忧——把生活视为一桶香甜的蜜，至于生活中的艰难，连想也没有想过。20几岁的年轻人千万不能仅仅这样来理解年轻时的生活，更不能进行这样的生活推理。年轻的本色，年轻的风采，应该是奋发向上的精神，庄重严肃的态度，坚定不移的行动，永不懈怠的步伐。因此对于年轻人来说，干事业要趁早。20几岁的年轻人要想干事业，不让青春的宝贵时间从自己手中溜走，可以从以下四个方面来努力：

1.正确认识自己

人们对自己的认识往往停留在感性阶段，对于自己的思想、情操、能力的估计常常不是过高就是过低。20几岁的年轻人对自己的认识过高的居多，喜欢用自己之长比别人之短，夸大自己之长，掩盖自己之短，容易沾染盲目骄傲自满的情绪。其结果，必然是既看不起别人，又抓不紧自己，更别说干适合自己的事业了。可见，要抓紧自己，趁年轻时干事业，首先要正确认识自己。

2.严格要求自己

随波逐流固然轻松愉快，但长此以往就要被生活的波涛吞没。有的20几岁的年轻人也知道放纵自己不好，但这种人常常会这样想："先放纵自己一段时间，待以后再抓紧也不迟。"然而，要回过头来，抓紧自己，那是很难的，需要付出十倍、百倍的代价。因为你已经习惯了顺流而下，而且你已经倒退了一段路程，要赶上船队，要走在时代的前头，谈何容易！因此20几岁的年轻人要严格要求自己，该干事业的时候，就不要为自己找开脱的理由，更不能放纵自己，而是要从现在开始，想到就要做到，绝不拖延自己干事业的行动。

3.彻底战胜自己

一个强有力的人，正是一个能战胜自己的人。要纠正偏见，改变习惯，克服弱点，主宰感情，驾驭性格……总之，20几岁的年轻人要想干事业，就千万不要让自己的弱点牵着鼻子走，而是要战胜自己的弱点。

4.培养抓紧自己的自觉性

20几岁的年轻人要想趁早干事业，就要培养自己的自觉性。想要养成自觉性首先是要培养自己的紧迫感。20几岁的年轻人千万不要认为人生那么长，自己还年轻，来日多的是创业的时间和机会。而是应该只当来日不长，要赶快去做。其次，20几岁的年轻人要有具体的目标。托尔斯泰有一条生活准则："要有生活目标：一辈子的目标，一段时期的目标，一个阶段的目标，一天的目标，一个小时的目标，一分钟的目标，还得准备为大目标牺牲小目标。"最后，20几岁的年轻人还要善于自我反省，要知错就改，及时起步。埋怨、叹息、绝望、后悔、急躁都没有用处。

奥格·曼狄诺指出，时间是一切生命存在的形式之一。生命和时间，紧紧相连，失去了时间，生命成了虚幻，没有了生命，时间便丧失了意义。时间就是生命，节约时间就是延长寿命。人的一生是那样短暂，然而，就在这流星般的一瞬，有的人如日月生辉，光焰四射；有的人却浑浑噩噩，默默沉沦。如果不想在自己年老的时候，为自己的一事无成而自责而懊悔，那么就要趁早开始干事业。

选对行业，你就成功了一半

无论是工作还是创业，行业的选择是最重要的事。20几岁的年轻人，如果你想要创业，你知道怎样选择行业，选择什么样的行业，成功的可能性才更大呢？

比尔·盖茨曾说过一句话：不是每个行业赚的钱都一样多。我想比尔·盖茨如果不是选择电脑行业，他可能永远也不能成为世界首富。可见，选对行业，就有成功的希望，就更容易走向成功。而选错行业，则走向成功率就会小很多。那么究竟怎样选择行业，选择什么样的行业才是有前途的行业，才是合适的行业呢？

以前有手机的人不是很多，但现在几乎人人都有手机，人人都买得起手机。不管你喜不喜欢，你都必须要拥有！因为时代的发展迫使你必须要拥有！所以手机在以前是趋势，它拥有广阔的市场前景，许多人需要它！但现在不是，因为市场空间已经缩小，从事这个行业的人又非常的多，所以赚钱的可能性就不大了。

每一种行业都有它的生命周期，就像一个生命一样，有诞生期、成长期、鼎盛期和衰退期。我们在选择一个行业时要分析这个行业现在处于什么样的阶段，还有多大空间，什么时候介入比较好。我们不仅仅要看到它的现在，更要预测到它的将来，用眼光去判断而不是用眼睛去判断。换言之，选择发展趋势好的行业，无疑是明智的。趋势性行业的特点是现在不是最赚钱的，但未来一定是最赚钱的。另外一个特征就是它的产品不管你是否想买，你都必须要拥有。像健康产业、教育培训业、娱乐业、旅游业、文化产业等，这些在未来都是趋势性行业，有很大的发展空间。

随着人们生活水平的提高，我们的物质需求逐一被满足，便会产生更高的需求——精神需求。越来越多的人会注重自己的生活品质，注重健康，注重情感的满足。所以20几岁的年轻人如果创业的话可以尝试选择这些新兴行业来作为自己发展的方向。

有句话叫“一步走错，满盘皆输”，打个不恰当的比喻，就好像找了一个别人都说好但实质却不适合你的伴侣，你一生的幸福肯定将大打折扣，尽管你可以选择最终离开，但你曾经为此付出过的时间、财力，特别是情感以及诸多实际遗留问题会牵畔、伤害并影响你的一生；而盲目创业、盲目地项目投入也是一样，它不仅仅只是让你经济上受到损失，更致命的是让一个曾经充满希望、抱有梦想的人失去信心和勇气；很多人是经不起这样打击的，所以很多人最后选择了退出，选择了甘于认命的“碌碌无为”；如果你不想反复“折腾自己”亲手磨灭掉创业“激情”，不想“乘兴而来，败兴而归”，那么请三思而虑；尽管不一定百分百保证自己的决定是“英明”的，但起码你有着比别人更坚定的方向、更清晰的目标、更多一重的自信。

求职时，“趋热避冷”是很多求职者的思维定势。银行业、IT业等热门行业往往意味着高收入、高福利和长远的发展，而农林牧渔业、传统制造业等行业却总给人收入低、工作枯燥的印象。因此在人才市场中，热门行业总是人满为患，冷门行业常常乏人问津。

但专业的职业顾问认为，择业不宜只盯着热门行业。首先，行业的冷与热是相对的，前几年互联网业曾红极一时，但互联网泡沫破灭时，下岗失业的人也不在少数。其次，热门行业中也有冷门职位，而冷门行业中也有热门职位，行业前景不等于职业前景。譬如，在IT行业，也有和计算机几乎没有必然联系的岗位，如行政管理、人力资源等；同样，在非IT行业，也需要大量IT人才进行系统的开发、设计和维护。

其实，懂得避开热门行业中的冷门职位，或善于发现冷门行业中有潜力的、成长性的职位，才是职场中的聪明人。

据某招聘网站最新数据，近期职场中排名靠前的热门行业有加工/制造业、信息技术/互联网、电子技术、生物/制药/保健、耐用消费品、咨询业、快速消费品、贸易、广告业和房地产业等，这些行业的应聘人数往往是职位数的数倍。在这些热门行业中，同样存在着热门职业和冷门职业。一般来说，与产业链发展直接相关的核心职位往往是热门的，个人发展空间很大；而从事外围性、事务性工作的，通常是冷门，发展空间有限。

冷门行业中也有热门职位，不信？看看这些：

农业科技人才：农业是不折不扣的传统行业。可现代农业已经不是传统意义上的"春播秋种"了。在一些现代农业园区，对技术人才的要求非常高，范围也相当广。据某招聘网站5月的职位信息，近期市场对农业科技人才的需求非常旺盛。需求主体不仅包括传统的农、畜、牧业，还有生物工程、海洋养殖耕作等新型企业，另外，农产品加工、农产品营销等专业人才也供不应求。

模具设计师：制造业也是老牌传统行业，其具有劳动强度大、工作环境不够舒适的行业特点，让不少人望而却步。但近年来，模具设计师已经成为人才市场中的新贵，高级模具设计师动辄月薪上万。

专利代理人：知识产权业在人才市场中一直不温不火，但专利代理人却是当之无愧的热门人才，一直处于高度紧缺的状态。尽管专利代理人考试通过率一向偏低，还不到10%，但2004年上海的专利代理人资格考试却吸引了近8000人应试。

园艺工程师：园林绿化也属冷门行业。然而近年来，园艺工程师、景观设计师等"绿色人才"却一路走红，园艺工程师还数次入选某招聘网站的"职场

10大人气职位"之列。

曾经的汽车行业也是冷门，可是，就有人坚持下来，把这个行业守“热”了。看看他的事迹，权当给自己树立一个“干一行，爱一行”的榜样吧。

陈斌自幼就喜欢汽车并愿意与人沟通，虽然报考湖南大学汽车专业前，自己还不会开车，甚至很少有机会坐车，但就凭着自己看到汽车在路上行驶时的激动劲，他就认定了这就是自己可以为之奋斗一生的行业。

现在的汽车行业正蒸蒸日上，生产进行得如火如荼，但在上世纪九十年代中以前，却完全是另外一番景象，没有过多的私家车，汽车品牌也不如今天这么丰富多样，汽车行业完全是一个冷门行业，与现在许多人削尖了脑袋往汽车行业里钻形成鲜明对比的是，当时他的许多汽车专业同学都纷纷转行，汽车行业在那时达到了低谷期。

在这样的环境下，陈斌也不是没有过动摇，一度也曾经怀疑自己真的选择了一个不会有好前景的冷门行业，也曾动过跳槽的念头。几位同学也都给他打过电话，告诉他其他人在转行后近况不错，劝他也尽早放弃，直到大学最好的一位同学给他打来电话，才使陈斌真正地在心中进行了最后的斗争。“喂，陈斌啊，我已经转行做律师了，收入和前景都要比汽车行业好得多，你也得考虑考虑了，老在这个行业里是没有发展的，你大学的时候不就喜欢文学吗，转到律师行业以你的基础会很有前途的。”说实话，是否继续从事汽车行业当时只在一念之差，是在前途未卜的汽车行业继续坚守阵地，还是去做在当时更有前途的律师，最终他还是说服自己留了下来，理由就是他只爱好汽车行业，愿意利用大部分业余时间去关心汽车行业的信息，来丰富自己的知识，兴趣使陈斌在这行业内奋斗得不知疲倦，而如果去了一个自己不喜欢的陌生行业，还能这么拼命吗？答案是否定的。而最终他以对汽车行业的忠心和热情等来了它的高潮期，同时他也积累了丰富的行业经验。

这无疑是一个很好的坚守岗位的例子，所以，我们在择业时，也要慎重考虑，不要头脑发热，看看下面求职专家给出的几个关键时期，也许是我们都应该注意的几点。

1.填报专业时。职业规划从选择大学专业时就该开始。高考填报志愿时大多数人也以热门行业作为风向标，其实这样很危险。前些年金融行业火爆，报考金融专业的学生数量大增，学校也纷纷开设相关专业。结果没几年，金融专业的学生由于数量过多而遭遇就业难题。现在，计算机专业的学生也面临着相似状况。相反，有些人报考了某些冷门专业，反而有意想不到的发展。譬如，心理学一向比较冷僻，而近几年心理咨询师、儿童顾问等相关职业却成了人才市场上的抢手货。

2.选择职业时。尽量选择有发展潜力的职业，不要拼命追逐那些已经炙手可热的职业。成长性强的职业应具备两个条件：其一，在市场上，与该职业相关的人才供不应求；其二，提供相关职位的企业，发展态势大多蒸蒸日上，在政策方面拥有不少利好消息。具备这两个条件的职业，势必需要大量从业人员，呈现出“求贤若渴”之势，很可能是下一个“热门”。

3.加盟行业时。选择行业时可做一番调查分析，包括社会热点职业的分布，自己所选择的行业在当前与未来社会中的地位、社会发展趋势对行业的影响等。再分析一下自己的人脉资源，包括在从事选定职业的过程中将同哪些人交往，这些人都属于哪些行业等等，最后根据实际情况选择有利于自己成长的行业。

此外，还要记住两个原则：

1.无论从事什么职业，都要和兴趣爱好及个性特点相结合。热门专业、职业、行业都可预测，但切不可因为追求热门而强迫自己从事不喜欢或不擅长的职业。

2.无论从事什么职业，都要努力把它做好。一份职业的前景如何，最大的决定因素并非是行业前景，而是在个人，自己有没有用心去做？能不能成为某一领域的专家？现代社会专业分工越来越精细，个人只要做好自己的工作，真正做到“人无我有、人有我精”，就一定会有所建树。

术业有专攻，做专业领域的第一

20几岁的年轻人，无论做任何行业，都要以做该行业顶尖人才为目标，只有当你能够专精的时候，你才能在你工作的领域中类拔萃。

曾经有一位哲学家讲过：人生专攻一点并且在这一方面做出成绩，就算是成功。这话十分有哲理。大千世界，事事可做，人生苦短，总不能样样皆精。故此，老子也讲：有所为，有所不为。其意思再明白不过，要做好一件事情，首先是要有所不为，集中精力专攻其一，才能够做到有所作为——这些就是生活给我们的哲学提示。

所谓术有专攻，就是强调每个人都应有自己的专业方向，都应在专业方向的范围内成为行家里手。这样做的好处，一是可以节约时间，将有限的精力集中起来使用，避免无谓的消耗；二是可以减少信息收集和处理的工作量，在最短时间内在某个领域达到专精的地步；三是易于集中积累，做出成果。随着社会发展，专业化分工，那种什么都学，什么都不精通，既非专才，也非通才的“万金油”式人物已不被职场所看好。

古人讲：“纵有家产万贯，不如薄技在身。”这是最平凡最实在而纯朴的生存智慧。只有用心专精在一个领域，才能有所发展。无论做任何行业，都要以做该行业的顶尖为目标，只有当你能够专精的时候，你才能在行业中出类拔萃。

对于“专精”的巨大能量和功用，我们早有耳闻，无论在学校里，还是在社会中，或者人们的茶余饭后都不乏相关的话题；不仅如此，甚至也有不少人常常将之挂在嘴边，反复吟唱，成为名副其实的口头禅。三字经里便有“苟不教，性乃迁；教之道，贵以专”的经典名句和谆谆教诲。其实岂止是“教之道，贵以专”？学之道，做之道，说之道，还有诸如此类的其他各门各道都“贵以专”。

但古今中外，又有多少人真正做到了“专精”呢？大多数人都成天只想着早日成为一个博学多才之士，于是今天学这，明天做那，目标天天变，无法持之以恒，常常半途而废，最后导致既不博也不精，成为十足的“半桶水”。

大凡功成名就的人才，都首先在“专精”处下功夫。中国古代的孔子、老子、墨子、韩非子等百家诸子，他们都是博学多才之士，但他们首先是儒家、道家、墨家、法家的专家和代表人物，这才成就了他们崇高的历史地位；如果他们博而不专，则不可能有如此的成就，更不可能扬名后世；现实中的许多人，如音乐家、哲学家、文学家、革命家，他们也许并不博学，但都因“专精”而仍然功德圆满，令人敬佩。我们的伟大领袖毛泽东，可谓真正博学多才，古今少见，中外寥寥，他的头衔之多，令人钦慕：伟大的马克思主义者，无产阶级革命家、战略家和理论家，中国共产党、中国人民解放军和中华人民共和国的主要缔造者和领导人，诗人，书法家，等等。但他首先是个天才的革命家，并为此奋斗了二十多年，经历无数挫折和磨难，终于为人民推翻了三座大山，成为新中国的缔造者。

许振超曾是青岛港一名普通的桥吊司机，但他凭借苦学、苦练、苦钻，成就了一身绝活儿，在数万人的港口里成了响当当的技术“大拿”，进而跻身成为闻名全国的英雄人物。

许振超的“无声响操作”是一门“绝活”，偌大的集装箱放在铁做的船上或车中，居然做到了铁碰铁，不出响声。其实他所以创造了这种操作方法，是因为它可以最大限度地降低集装箱、船舶的磨损，尤其是降低桥吊吊具的故障率，提高工作效率。实践证明，这是科学的也是合理的。

“一钩净”是许振超的又一项发明。在青岛港开吊车的司机，无人不知“四稳”的口诀：在舱内起钩要稳，旋转时要稳，落钩时要稳和变幅时要稳。但要协调做到这四个方面很不容易。特别是落钩，操作不好就会造成货物撒漏。

如何能做到不让货物撒出来？许振超开始练习，刻苦练习了半年后，做到了吊具一钩下去，一点儿不撒，他把这种技术起名为"一钩净"。抓粮食时，吊具一抓斗重10吨。要准确地把抓起来的10吨粮食装入长12.5米，宽2.7米的车厢，很不容易。因为吊车的抓头伸张开有3.4米，比车厢要宽。许振超就反复练习，琢磨抓斗的嘴张多大正合适，终于找出了恰当尺寸。铁路运粮食时，对装车的标准要求很严格，粮食要在车厢内打个尖，高出车厢80公分，码头工人叫起"龙骨"。起这个"龙骨"很难，坡度要合适，坡面要平滑，盖上篷布后，才能不存雨水。许振超用他的"一钩净"，把这些问题都给解决了。

人生就是一座纵横交错的立交桥，假如你没有被那些霓虹灯闪烁的路边风景所诱惑，没有被那些车来车往的拥挤和危险所吓退，不轻易改变自己既定的目标和前进的方向，成功的美好和喜悦，也许会在不经意间也许你悄然降临。因为只有专精者才会赢，只有专注者才会专精，专精之后，也许你就会在某一行业有很大的成就。

从2000年诞生至今的近十年时间里，互联网世界沧海桑田，"网络游戏"、"短信平台"纷纷强势登场，不少人捷足先登，赚得盆满钵满；不少人跟风而动，也摔得头破血流。而李彦宏他只在做一件事：搜索。他说不少人曾鼓动他向网络游戏、短信平台等领域涉足，但李彦宏并没有这样做。在他眼里，自己的公司、自己的领域还有很深的潜力可以挖掘，自己目前要做的只是在搜索这一个领域里不断探索与完善。

专注是百度创始人李彦宏身上的一种个性。1987年，李彦宏考上了北京大学图书情报专业。大三时，他开始思索自己将来的路。毕业后进入机关单位，并不是李彦宏愿意走的路，于是他决定出国。"我是一个非常专注的人，一旦认定方向就不会改变，直到把它做好。"从大三开始，李彦宏心无旁骛，买来托福、GRE等书狂啃一番，过着"教室-图书馆-宿舍"三点一线的生活，目标是留学美国，方向锁定在计算机专业。毕业的那年，他果然实现了自己的目标。

李彦宏专注的个性在创业中也有充分的体现。自创立百度起，就一直将创业的准星紧紧锁定在中文搜索引擎上。之所以有这个选择，与他在北京大学图书馆系情报学专业求学的背景，以及与他后来在美国读的计算机检索专业和为一家报纸做信息搜索的经历有关。专业知识的素养和相关工作的经验，都让李彦宏坚信互联网搜索将是非常有前景的商业模式。

直到百度在美国的纳斯达克成功上市，李彦宏在回忆起创业的艰难历程时，仍用“专注”一词来解释为何没有放弃中文搜索。“诱惑太多，转型做短信、网络游戏、广告的，都马上赢利了，我们选择了一条长征的路线，而且5年来一直没有变。”

人的发展有时候往往与专业水平无关，而是与你能不能认准目标、持之以恒、十分专注地做自己喜欢做的事情有关。专业给了你一块敲门砖，但并不能让你永远处于一个确定的方向和成功的状态；而你认定一个目标并始终为此而付出努力，就有可能很好地准确把握自己的奋斗方向，保持一种走向成功所必不可少的良好的精神状态。只有专业者才会赢，只有专注者才会专业，这样你就会成为最大的赢家。

认识到“专精”的重要性是可贵的，但最主要的是在实践中真正做到“专精”。在当的社会是个日益自由，自主抉择广泛的时代，竞争日益残酷和激烈，而人偏偏又有七情和六欲，最要命是的贪欲。在生活中，人们总想处处与他人比个高低，却又不考虑自己的现实主客观条件，盲目攀比，盲目学习，盲目追求，天天忙得像个无头苍蝇，却始终找不到归宿，短暂的人生便在这无比公平的时间面前最终望而却步，最后只能慨叹人生的苦短和无奈。

要做到“专精”，首先必须意识到并相信自己一定是某方面的“专才”。苏格拉底曾说：“认识自己，方能认识人生”；又说：“每个人身上都有太阳，主要是如何让它发光。”准确地认识自己是成功人生的第一步，也是最最重要的一步。闻道虽然有先后，但只有准确地分析自己、认识自己，发现并努力培养自己的兴趣，才能做到全力以赴，奔向目标，做到“术业有专功”。要知道，立志没有所谓过迟的，只要真正找准了自己的位置，坚持不懈，终将有所成就，即便最后仍未做到“专精”，也不致一事无成，空留遗恨。

脚踏实地，做力所能及之事

做好每一件小事，是我们力所能及的；只有脚踏实地地一步一步往上走，才能做好一件大事。20几岁的年轻人，请脚踏实地，做自己力所能及之事吧，它会磨砺你的双翼，任你遨翔。

人人都有梦想，人人都会朝着自己的梦想去追。追梦的过程异常艰辛，我们绝不能好高骛远，脚踏实地才是最要紧的。老子云："图难于其易，为大于其细。"荀子说："不积跬步，无以至千里；不积小流，无以成江海。"相信很多人都把这两句至理名言作为人生信奉的教条。它告诉我们一个道理：凡事皆由小到大，没有点点滴滴的小事，大事就成了空想。要成功，必须从基础做起，万丈高楼平地起；要成功，必须从小事做起，聚沙成塔。这也正是纳尔逊原则所提倡的 "为小不止于小，精细勿拘于细"的真理所在。

残疾人张海迪，用她的笔写下了《轮椅上的日子》、《生命的追问》等书，还自学了英语、法语、德语，身残志坚。当记者采访她时，她微笑地对记者说她只是做了自己所能做的，并且努力地争取把它做好罢了。坚韧踏实这是张海迪的真实写照。

魏征，从太子建成的谋士到太宗皇帝的宰相，从某种意义上来说，他是一个叛徒，可他从不后悔，他尽到了一个人臣的责任，他就好比是太宗皇帝的一面镜子，太宗对他是又爱又恨，魏征——中国历史上当之无愧的第一谏臣，唐太宗在他的帮助下开创了大唐盛世。执著果断就是魏征的特点。

爱迪生，历史上最伟大的发明家，他的发明不胜枚举，给我们印象最深的就是他发明电灯的过程，为了找到合适的灯丝，他用了上百上千种材料，可是没有一种合适，他的助手都开始放弃了。可是他却笑着说："至少我们已经知道这些都是不合适的呀。"就是这样脚踏实地，锲而不舍的努力，使他终于找到了钨丝，发明了现在的电灯，若不是爱迪生的坚持，黑夜之中的光明我们还要等上十几年或许更久，永不言弃，这是我们要向爱迪生学习的。

从古到今，多少人在自己的岗位上默默奉献，而他们总认为是在做着自己份内的事，有些人做出了一些成就而被人知晓，但还有更多的人仍在埋头实干，我们更应该向这些人致敬。

做好自己能做好的事，说起来容易做起来却难，这不仅要求我们坚韧踏实，更要求我们有一种执著、永不言弃的精神。

生活中有些人飞得太高太突然，湘江女儿荧屏亮相一夜成超女，房地产暴涨一夜成万千富豪，韩寒一语惊人风靡全国，更别说那一夜间涌向浪尖风口的博客。

于是有人慨叹，平凡的我们并不是缺少才华，而是缺少发现自己的伯乐；理想的路上并非没有捷径，而是缺少机遇。大有"前不见古人，后不见来者"的弃世悲风。更有甚者，以投机钻营为荣，以脚踏实地为耻。我们真的不需要脚踏实地就能振翅飞翔吗？

如果没有李时珍几十年如一日的采集整理，怎么会有《本草纲目》的诞生；如果没有曹雪芹的十载披阅，增删数次的呕心沥血，又如何有鸿篇巨制的《红楼梦》的问世；如果没有洪战辉十数年对不是自己亲生妹妹的照顾又何来感动神州赤子的热泪盈眶；如果没有606次的研究，梅毒早已夺去数万人的性命。一个人的腾飞，同样需要脚踏实地。

脚踏实地不是事必躬亲，因为居里夫人对她父亲说过她没有时间擦椅子；脚踏实地不是好高骛远，孙楠曾经干过几十多个工种，十数年后才将他那高吭的歌声带给我们；脚踏实地不是一蹴而就，刘备一生转战，屡败屡战最终才开创了蜀汉。

日本著名跨国公司"松下电器"的创始人，被人称为"经营之神"的松下幸之助先生，能有今天这样举世瞩目的地位与财富，全有赖于他的经营哲学：日积月累，做好每一天的事。松下幸之助先生自己回忆道："自己之所以有所成就，是因为不厌其烦地做好每一天的事。"在创业的初期他并没有那么长远的规划，也没有想象到有一天能成为日本商界教父级的人物。他只是脚踏实地的做着自己现在做的每一件事情，事情不分大小、巨细，只要是有价值，只要自己心甘情愿，他就喜欢倾注自己所有的心血和汗水来浇灌这点点滴滴。将做好自己的每一项工作，珍视每一个日日夜夜，珍视生命的每一分钟作为自己人生的最高准则，这也正是他成就今日辉煌的秘诀。遥想当年，创业初期，他又何尝不是从一日元开始积累自己的财富，正是这份热切的渴望与勤恳的汗水，造就了今天这位伟大的商界巨人。当然每个人的创业路途并不可能一帆风顺，荆棘和坎坷注定成为我们每个人都要经历的事情。每每遇到困难、迎接挑战的时候，才是我们彰显智慧、开创人生的最佳契机。松下幸之助遇到难题的时候也总是烦恼苦闷，他常常责问自己有没有全身心地投入工作，有没有把自己的满腔热血投入到自己的事业中。之后他便再次鼓足勇气，投入到新的战斗中去，挑战困难，克服困难，战胜困难。有了勇气，困难便不再是困难，只不过是迈向成功之路的又一块基石。

在忙碌的生活和竞争激烈的事业的双重压力下，青年人立大志，干大事，精神固然可嘉，但只有脚踏实地从小事做起，从点滴做起，注意抓住细节，心思细致，认真地做好每一件小事，以负责的心态对待每个细节。这样，你付出的是细心，得到的也许却是整个世界！这就是细节赋予我们的力量！

认识自我，合理规划职业生涯

从事适性工作，通常能让人发挥己长，且较乐意投入工作，对工作有高度的承诺，因此更能胜任工作。20几岁的年轻人要选择适合自己的职业，需要我们认识自我，进而合理规划职业生涯。

20几岁的年轻人，刚踏入社会工作，要走的第一步，便是了解自己要什么？具备哪些优势及劣势条件？以及所投入行业、工作与环境的特性为何？在充份考量内外在条件之后，选择适性的工作与环境，展开工作的新篇章，建构个人理想的生涯蓝图！

管理大师彼得·杜拉克提出的问题："我真正想做什么？我为什么要去做？我现在正在做些什么？我为什么这样做？"这一连串问题也正是面临工作选择问题的社会新人应该深思的课题。不知该选择什么工作？不知道自己适合什么工作？唯有彻底了解个人的人格特质、能力、工作价值观与工作适性等，才能理清生涯选择的迷思，展开工作生涯的第一项。其中，根据性格选择职业是非常重要的。我们可以将性格分成六类：

1.调查型：喜欢观察、调查、分析、评估及解决问题。

2.艺术型：具有艺术气质与创新能力，喜欢创造，不受拘束。

3.社会型：喜欢与人一起工作，执行通知与沟通的工作，善于取悦和协助别人，以及言辞表达。

4. 企业家型：这类型的人也喜欢与人一起工作，但所担任的是影响、说服、领导、管理等角色。

5.传统型：喜欢处理资料，具有文书或数字能力，能够接受上级指示，从事细节工作。

6.实际型：具有运动或机械天份，喜欢操作实际物品、机械，喜欢植物或动物，乐于户外工作。

一般人具备的性格可能是上述其一或二者以上的混合体。另一项影响个人生涯选择的因素是工作价值观，我们可以归纳出以下十一种工作价值观：

1.物质报酬：每个人都需要基本的收入以维生，但重视物质报酬的人在达到最低标准后，依然愿意继续投入，赚取更高的收入，以获得个人想要的东西。

2.名望：通常是跟随职业、职位而来，因个人从事某种特定职业而容易获得别人尊敬。

3.权力：拥有控制、教导、指引或影响他人的能力。

4.安定性：指工作权、经济收入、心理需要或社交关系的不变性。

5.自主性：个人能依自己的意愿及方式工作，不受别人的控制、监督。

6.专精：是特定领域中的专家，成为他人的顾问或被咨询者。

7.亲和：重视建立良好人际关系，是非正式组织中的核心人物。

8.多样性：希望在工作时，有机会接触不同的人、地、问题和活动。

9.创意：在自己最感兴趣的领域中工作，并能运用创造力改变现有的程序、产品和做事方法。

10.休闲：希望工作时间缩短、假期增长，工作但不致影响休闲生活。

11.追寻意义：知道自己为什么要做某件事，及这件事对他人的贡献及影响。

在确定个人所抱持的工作价值观及追求的工作目标之后，可以此作为追求更美好、充实人生的动力与踏脚石。从事适性的工作，通常能让人发挥己长，且较乐意投入工作，对工作有高度的承诺，因此更能胜任工作，获得更大的快乐和成就。日本讲谈社经营总会研究所所长伊藤友八郎拥有多年研究职业适性的背景，他指出，适职=能力×性格，性格比能力重要。如果性格与工作不合，再好的能力也无法发挥。一般职业按性质区分有二大类：

1.贝壳型：如会计、秘书、操作员、事务员等工作，工作性质属于事务性、片断经验、劳务性、重视细节、琐碎的、刻板的、烦杂的。从事这类工作者的特质多为个性保守、被动、注重细节、我行我素、对人际沟通较不关心等。

2.孔雀型：如行销、公关、业务、广告、门市、柜台工作等，工作性质属于开放的、多变的、主动的、工时长、奖惩分明、薪水视工作能力调整、靠口才吃饭。从事这类工作者的特质为重视外表及形象、口才佳、善于说服人、性格开放积极、运作及协调能力佳。

选择职业除考虑个人性格与职业特性的配合度外，别忘了了解工作环境的文化与特性。如：传统型组织是由最高主管做集权式管理，部属只有听命行事，所以拥有传统性格的人较能胜任组织内工作。有的组织由中级主管掌权，形成各个独立的事业部或利润中心、责任中心。有的组织授权予基层单位，有些组织重视部门间相互沟通、协调，由幕僚人员决定组织内的大事。在专业的机构内，工程师、技术人员扮演决策的角色，以其专业知识引导组织的走向。

谋定而后动，找准职场成功的“站点”

20几岁的年轻人，要想在职场上取得成功，就要找准职场成功的“站点”，职场成功的“站点”需要我们结合自身的实际情况，确定自己的志向，做好职业选择，制定行动计划和行动措施，并经过现实的考量等。

大多数年轻人不知道自己要干什么。对于20几岁的年轻人来说，一定要先考虑清楚自己想做什么，然后再行动。这就需要我们首先问五个问题：我要去哪里？我在哪里？我有什么？我的差距在哪里？我要怎么做？这五个问题涵盖了目标、定位、条件、距离、计划等诸多方面，只要在以上几个关键点上加以细化和精心设计，把自身因素和社会条件做到最大程度的契合，对实施过程加以控制，并能够在现实生活中知晓趋利避害，这样谋定而后动，我们才能找准职场成功的站点，才能更快的走向成功。

1.确定志向

志向是事业成功的基本前提，没有志向，事业的成功也就无从谈起。俗话说：“志不立，天下无可成之事。”立志是人生的起跑点，反映着一个人的理想、胸怀、情趣和价值观，影响着一个人的奋斗目标及成就的大小。所以，在制定生涯规划时，首先要确立志向，这是制定职业生涯规划的关键，也是你的职业生涯中最重要的一点。

2.自我评估

自我评估的目的，是认识自己、了解自己。因为只有认识了自己，才能对自己的职业做出正确的选择，才能选定适合自己发展的职业生涯路线，才能对自己的职业生涯目标做出最佳抉择。自我评估包括自己的兴趣、特长、性格、学识、技能、智商、情商、思维方式、思维方法、道德水准以及社会中的自我定位等等。

3.职业生涯机会的评估

职业生涯机会的评估，主要是评估各种环境因素对自己职业生涯发展的影响，每一个人都处在一定的环境之中，离开了这个环境，便无法生存与成长。所以，在制定个人的职业生涯规划时，要分析环境条件的特点、环境的发展变化情况、自己与环境的关系、自己在这个环境中的地位、环境对自己提出的要求以及环境对自己有利的条件与不利的条件等等。只有对这些环境因素充分了解，才能做到在复杂的环境中避害趋利，使你的职业生涯规划具有实际意义。其中环境因素评估主要包括：组织环境；政治环境；社会环境；经济环境。

4.职业的选择

职业选择的正确与否，直接关系到人生事业的成功与失败。据统计，在选错职业的人当中，有80%的人在事业上是失败者。正如人们所说的“女怕嫁错郎，男怕选错行”。由此可见，职业选择对人生事业发展是何等重要。如何才能选择正确的职业呢？至少应考虑以下几点：

(1)性格与职业的匹配。

(2)兴趣与职业的匹配。

(3)特长与职业的匹配。

(4)内外环境与职业相适应。

5.职业生涯路线的选择

在职业确定后，向哪一路线发展，此时要做出选择。即，是向行政管理路线发展，还是向专业技术路线发展；是先走技术路线，再转向行政管理路线……由于发展路线不同，对职业发展的要求也不相同。因此，在职业生涯规划中，须做出抉择，以便使自己的学习、工作以及各种行动措施沿着你的职业生涯路线或预定的方向前进。通常职业生涯路线的选择须考虑以下三个问题：

（1）我想往哪一路线发展？

（2）我能往哪一路线发展？

（3）我可以往哪一路线发展？

对以上三个问题，进行综合分析，以此确定自己的最佳职业生涯路线。

6.设定职业生涯目标

职业生涯目标的设定，是职业生涯规划的核心。一个人事业的成败，很大程度上取决于有无正确适当的目标。没有目标的人生就如同驶入大海的孤舟，四野茫茫，没有方向，不知道自己走向何方。只有树立了目标，才能明确奋斗方向，犹如海洋中的灯塔，引导你避开险礁暗石，走向成功。

目标的设定，是在继职业选择、职业生涯路线选择后，对人生目标做出的抉择。其抉择是以自己的最佳才能、最优性格、最大兴趣、最有利的环境等信息为依据。通常分为短期目标、中期目标、长期目标和人生目标。短期目标一般为一至二年，短期目标又分日目标、周目标、月目标、年目标。中期目标一般为三至五年。长期目标一般为五至十年。

7.制定行动计划与措施

在确定了职业生涯目标后，行动便成了关键的环节。没有行动，目标就难以实现，也就更谈不上事业的成功。这里所指的行动，是指落实目标的具体措施，主要包括工作、训练、教育、轮岗等方面的措施。例如，为达成目标，在工作方面，你计划采取什么措施，提高你的工作效率？在业务素质方面，你计划学习哪些知识，掌握哪些技能，提高你的业务能力？在潜能开发方面，采取什么措施开发你的潜能等等，这些都要有具体的计划与明确的措施。并且这些计划都需要特别具体，以便于定期检查。

8.评估与回馈

俗话说："计划赶不上变化。"是的，影响职业生涯规划的因素很多。有的变化因素是可以预测的，而有的变化因素难以预测。在此状况下，要使职业生涯规划行之有效，就须不断地对职业生涯规划进行评估与修订。其修订的内容包括：职业的重新选择；职业生涯路线的选择；人生目标的修正；实施措施与计划的变更等。

不要轻易丢掉专业优势

如果我们在找工作之前没有经过详细分析就盲目地进行了选择，那么三五年之后，我们很可能发现自己仍然面临着选择的困境：如果继续做现在的工作，自己觉得该工作不太适合自己，甚至感觉工作的每一天都很沉闷或痛苦，工作了几年也没做出太大的成绩；如果辞职重新选择别的行业或职业，那么很可能意味着放弃现在积累的一些专业知识、行业背景和人际关系，不得不付出极高的"机会成本"。

一个人走向社会时，只能依靠自己的专业优势来立足，你已经具有很好的专业优势，应该继续向前走而不是放弃。

从近些年的毕业生就业情况看，讲求"实惠"的择业心态是非常普遍的。这里"实惠"包含三方面的内容：留在大城市工作；向往大机关；追求高收入。一部分学生认为，择业既然是人生的一次重要选择，选择单位就要看用人单位实惠不实惠。大城市与乡镇、农村相比，有优越便利的工作和生活条件，在大机关做公务员，待遇、名誉、将来的发展都很看好。高薪或待遇丰厚更是大学生择业的首选。甚至有些人提出："管它专业对口不对口，挣钱第一。""前途前途，有钱就图。"在与用人单位洽谈时，首先问及的是该单位效益怎样、奖金多少，而很少涉及专业和工作问题。对大学生择业看重“实惠”的做法我们并不能一味地加以责难，但如果过份夸大“实惠”的作用，到了忽视或放弃专业优势的程度，就会步入求职的误区。因为真正的实惠应该放在一个人整个的生命航程中加以权衡，只顾眼前的实惠而看不到将来的发展，可能会为此付出目前无法估计的代价。有些毕业生和用人单位洽谈时，过多地注重实惠，不管专业对不对口，只想到“钞票对胃口”，他们最大的追求就是实现“个人价值”和有“机会出国”，“理想，理想，有利才想；前途，前途，有钱才图”成为一些人的座右铭，功利思想、个人主义思想比较严重。有些毕业生大事做不了，小事又不干，只考虑个人的得失，却从不考虑社会的需要与否。

但是很多大学生在毕业找工作的时候常常面临的一个问题就是：自己上大一的时候，没有能够学习自己喜欢的专业，或经过几年的专业课学习后，发现自己当初选择的专业并不适合自己，现在马上面临毕业找工作，自己不知道是该优先考虑专业对口的工作，还是重新选择一次，选择一个适合自己的工作？

另外还有许多大学生毕业找工作的时候，经常出现这样的的情况：找工作时只考虑工作与专业对不对口，至于自己所学的专业和要从事的工作是否适合自己，从来就不曾考虑；或者是不分企业不分行业不分工作，盲目发送求职简历；或者是在求职简历的求职意向一栏，写着技术、销售、部门经理等多个职种，没有一个明确而核心的目标，对自己没有一个明确的定位；也有的同学在就业压力下，只要碰到一个想录用自己的单位，就不管该行业和该工作是不是适合自己，赶紧签了就业协议书，而且可能一下就签了三五年。

当然，许多时候，迫于就业压力，以上的种种做法也可以理解。但同时我们也应看到，以上种种做法都带有一定的盲目性，并没站在一个很全面，很长远角度来考虑我们的就业问题。

信念不倒，兼顾理想和现实

上帝关上了你的门，还会给你留下一扇窗。人不会一辈子都一帆风顺，唯一可做的就是坚定信念，永不放弃。

信念就是指人按照自己所确信的观点、原则和理论去行动的个性倾向。信念极端的内在表现为世界观、人生观、历史观、学术观等方面的信仰，而信念极端的外在表现为如夸夫奔日、精卫填海、愚公移山等坚定不移的行为志向上。信念是意志行为的基础，是个体动机目标与其整体长远目标相互的统一，没有信念人们就不会有意志，更不会有积极主动的行为。信念是一种心理动能，其行为上的作用在于通过士气激发人们潜在的精力、体力、智力和其他各种能力，以实现与基本需求和欲望和信仰相应的行为志向。20几岁的年轻人，一定要有自己的信念，并且信念要兼顾现实和理想，这样，我们才能在自己选择的行业中，更坚定的走下去。

有一年，一支英国探险队进入了撒哈拉沙漠的某个地区。在茫茫的沙海里负重跋涉，阳光下，漫天飞舞的风沙像炒红的铁砂一般，扑打着探险队员的面孔。

口渴似炙，心急如焚——大家的水都没有了。

这时，探险队长拿出一只水壶，说:"这里还有一壶水。但穿越沙漠前，谁也不能喝。"

一壶水，成了穿越沙漠的信念源泉，求生的寄托感使队员们濒临绝望的脸上，又显露出坚定的神色。

终于，探险队顽强地走出了沙漠，远离了死神之手。大家喜极而泣，用颤抖的手拧开了那壶支撑他们精神和信念的水——缓缓流出来的，却是满满的一壶沙子！

有了信念，人们的精神就有了寄托，行动也有了意义，这样的生命体自会燃烧出勇气和希望。一壶装满沙子的“水”成了人们唯一的希望，能喝到壶里的水成了他们最高的信念，于是他们存活了下来。

小妹从小就有一个愿望，长大了能够读名牌大学。

小妹没有妈妈，是爸爸捡来的，爸爸是个盲人，小妹和爸爸感情很好，小妹在爸爸的照料下一天天长大，他们生活得很幸福，只是到了要上高中的时候，父女俩已经实在交不出这笔学费了。

爸爸最终还是筹了250元钱（这期间的辛苦已不是任何语言所能表达的），学校也为小妹减免了部分学杂费，小妹终于能进省重点读书了。

小妹很开心，她怎会放过这么宝贵的机会，她贪婪地汲取知识。因此每学期的三好学生名单中都有她的名字，因为晚上熄灯后要借着宿舍外昏黄的路灯看书，眼睛迅速近视了，班主任帮小妹配了一副眼镜，这是她所拥有的最昂贵的物品。

小妹贫血，因为每天只吃两顿饭，爸爸每次送来的梅干菜，小妹都可以吃上三四个星期，荤菜是小妹想都不敢想的奢侈品。

小妹很快乐，小妹考上北大了，小妹说："我没有什么奢望，上学是我最大的幸福。等将来工作了，我要让爸爸好好享享福。"

为了学费小妹提前去北京打工了。

信念不是又高又大得挂在墙壁上做装饰的饰品，信念往往是一个简单直接的目标，只需做到始终如一，它便成了力量的最高形式，无往不胜，愈挫愈勇。小妹朴实无华，好好读书将来报答爸爸的养育之恩，是她永恒的信念，仅此而已！想想我们，休闲，电玩，咖啡，“学习的压力”，“生活的烦恼”，我们的生活绚丽缤纷，但是这一切在小妹面前顿时黯然失色，我们羞愧得无处可藏，因为小妹是生活的主人，她用信念在歌唱！

一个没有信念，或者不坚持信念的人，只能平庸地度过一生；而一个坚持自己信念的人，永远也不会被困难击倒。因为信念的力量是惊人的，它可以改变恶劣的现状，形成令人难以置信的圆满结局。

唐恩·施里茨在小时候就认为自己适合搞音乐创作，而事实上他唱歌五音不全，实在让人难以恭维。但他坚定信念，不断努力后他自己创作的唱片在美国每周流行唱片曲目中越来越受欢迎，他也实现了童年的梦。可见一个人必须坚定信念。

信念就像一只鸟儿，在黎明前，大地仍然处于黑暗的时候，它感受到了光明，唱出了歌。在人生坎坷的旅途中，有人迷失了自我，信念坚定了他们的决心，燃起希望的灯火，成为照亮前途的灯塔。一个人、一个国家，乃至一个民族最可怕的敌人，就是没有坚定的信念。只要坚定信念，成功的大门永远向我们敞开。拥抱信念，成就美好明天。

第二章

20几岁该挣的不只是薪水，是职场印象

在如战场般的职场中，有着太多的不确定因素。20几岁的年轻人要想在职场上站稳脚跟，所仰仗的不是你的薪水有多少，而是职场形象。良好的职场形象，会让你获得上司，下属，以及同事的好感，与更多的人建立良好的人际关系。正如产品打响了牌子，就会获得顾客的心，就能为企业创造更大的利润，20几岁的年轻人如果在职场上有了良好的职场形象，那么你就能使自身的形象获得认同，进而在职场中发展得更好。

送你一把混迹职场的“万能钥匙”

混迹职场，并不是蛮想蛮干就行的。混迹职场是门学问，掌握打开职场之门的钥匙，你的职场之路将顺畅许多。

职场并没有我们想象的那么简单，职场并不是埋头苦干就能赢得上司、下属，同事的好感，就意味着能在职场混得风生水起，也就是说混迹职场也有学问。20 几岁刚入职场的年轻人，更要懂得一些混迹职场的绝招，这样才能在职场中脱颖而出。

1.按部就班地行动

事业成功的人往往耐得住寂寞，在那些看似程式化的进程当中寻找到快乐，他们是善于自我控制的人，可以让时间听从自己的安排。其实，对于每一个人来说，每当遇到那些不情愿做又不得不做的事情时，避免自己拖延时间的最佳办法就是“按部就班地行动”来完成它：从接到任务的那一刻起，在自己的行事历上用醒目的符号标注出截止的日期，并把任务均匀地分配在日程之内。这样做，不但每天可以轻松地做完部分工作，而且由于时间的充沛，所以更有理由把当天的这一部分做到非常完美。因为有惰性的人一定是先松后紧，让自己在最后慌手慌脚地把工作敷衍了事，那样的效率与业绩，是不可能超越一贯按部就班行动的人的。

2.永远现在进行时

有时候，对你而言，结束一件一小时之内就可以完成的工作，可能不如望向窗外发一小时的呆来得有趣。客户的电话非今天打吗？不如先和朋友在 MSN 上聊几句，因为明天他就出远门了，而客户大概明天还在本城吧！如果明天客户不在，周五相信他一定在办公室里，不如索性周五再说吧…… 绝不要给自己一个理由，说服自己把工作交给下一个小时。永远以“现在”这两个字来想问题，把“明天”、“后天”、“下个星期”想成遥远的下个世纪好了，做个“我现在就要开始工作”的人，哪怕只是拿起电话，和客户说说你刚才想到的那个创意让他觉得你是一个主动热情的服务者。工作在此时此刻，是让我们保持战斗欲望的行动力。

3.做个“凯撒大帝”

很多人对金钱的观念麻木而淡薄，从好的方面说，这是淡薄名利、与世无争，从另一个角度看，也的确是没什么追求和上进心，不太在意自己生活的品质。看看另一些人是如何对待生活的：比如永远把自己打扮得光鲜靓丽、穿着入时的同事，比如拥有了一套高尚地段的房产的大学同学，比如让孩子进了更优秀的幼稚园的邻居等等。不要羡慕人家命好，大家都是一样的。我们拼命工作，不就是为了离自己理想中的极乐园更近一些吗？每隔一段时间就给自己制订一个目标，大的像买一辆自己喜欢的新车，小的如买一套今秋的流行套装，有时候，压力是让人忘情于工作最好的动力，当你终于可以卸下包袱松口气时，你的目标也会得以实现。

4.把你的闹钟拨快10分钟

迟到其实是一件让人窝火的事情。要不是贪恋早间那最珍贵的几分钟睡眠时间，谁愿意不吃早餐、不化个精致的淡妆就出门，慌里慌张地去面对打卡机无情的判决呢？很多人知道自己喜欢拖拉的毛病，但却不知道怎么解决。其实这个秘诀很简单：你把你的闹钟拨快10分钟即可。记住，无论是家里的钟还是手腕上的表，甚至连电脑的时间也不要落下。千万不要小看这短短的10分钟时间，它给你设定的可是一个提前的助跑机会，让你在别人还没启动的时候，就已经开始发力冲刺，不知不觉中你就成为了最主动的那个人，同时拖延的那个毛病也在不知不觉中消失。

5.有用的人就在你的身边

很多公司都有个不成文的规定，在新同事到来时，大家都会送一点儿小礼物表示欢迎。但不少人是礼物照送，但流于形式，并不想彼此成为真正的朋友。而对于一个连身边的人都懒得结交的人来说，更不要指望他有心交往很多四面八方的有用的朋友。如今这个社会，完全是靠人际关系网来工作和运作的，需要别人帮助时，从何向别人主动开口？下次有新入职的同事到来时，不妨当面递上一张自己做的卡片，除了自我介绍之外，再附上一段你的祝福语，简简单单，就赢得了别人的心。它的好处在于你以后的工作中，都会得到大家不遗余力的帮忙。几句温暖的话就可以收买到人心，为自己轻松编织一张人际网，占尽了主动的先机，何乐而不为呢？

6.一杯咖啡时间

有时候，我们认为把自己的工作分摊出去，不免有“支使”他人之嫌，即便把工作交给了别人，但由于个人理解与处理问题角度不同，他人所做的工作汇总到你这儿时，你会遗憾地发现，你们好像说的根本就是两回事。你可能因此而后悔当初不如自己把事情干了算了。且慢，埋头苦干似乎真的不吃香了！当下一个任务到来时，你可以召集大家开一个小会，把自己对于任务的理解面对面、最大限度地传递给合作者。在整个项目的进行中，你需要做的也许就是找出一点空余时间，和每一个项目执行者一起喝杯咖啡！这样做，好处是可以让大家都有时间去处理每个人手上要完成的工作，又能及时地观察，随时调整彼此支持力度的侧重点。

7.开门见山地陈述观点

在这个竞争激烈的职场中，和你一样具备相当专业实力的人有很多，在素质相仿的人群中，抓住机会脱颖而出，才能获得更好的发展空间。拐弯抹角或耐人寻味的提问方式虽然可以使人觉得你含蓄和温和，但它的副作用也是巨大的。因此，不管你自认为多么谦逊，也请不要在会议上说类似我的想法不成熟，只是提议大家参考一下诸如此类的话，那会使公司上下的人在内心里给你打上一个不信任的分数。一个人的自信是非常有渗透力的，所以在你需要把自己的设想与观点摆在桌面上时，开门见山，少兜圈子会为你赢得主动权，奠定自己在高层心目中的地位。

8.让桌面永远保持干净

这可以说是最容易做到的一件事，但又是最难坚持下来的一件事。桌面上杂乱的文件、记事本，电脑上厚厚的尘土，到处乱丢的签字笔，会让一切看上去都毫无头绪，负面的情绪稍一累积，就会勾起惰性的滋生。办公室里的另外一部分人，把一切都打理的井井有条，办公隔断内生机勃勃，有花有草有小鱼；桌面上永远一尘不染，连鼠标都闪闪发亮。这些人的高明之处在于：坐在如此整洁的小小天地里，便会油然而生一种对工作的依恋之情，一花一草一桌一椅，都可激发他的工作状态。能把公司当成小家的人，一定特别愿意提早来上班，就先从给花草浇水、喂喂小鱼、清理环境开始一天的工作吧，也是提高主动性的小窗口。

9.3 分钟内结束私人电话

谁也不能避免在上班时间接听几个私人电话，但到底有多少人能控制自己在和朋友家人沟通完正事后，不接着开始无边无际的闲聊呢？一天的工作时间就那么长，学学那此为自己制定了规矩的职场先锋吧，比如，限定自己的私人电话时间绝不会超过 3 分钟。原因是私事难免会影响你工作的情绪，不管是愉快的，还是不愉快的话题，都会使自己暂时脱离工作的状态。所以，在 3 分钟之内结束，避免自己被琐事干扰，对自己和工作都是一种负责的主动态度。

每个人都喜欢那些对自己赞美有加的人

赞美是交往中必不可少的技巧，20几岁的年轻人，在职场生活中要学会赞美周围的人，但这种赞美并不等于拍马屁，赞美也是有艺术的。

世界上最美好的声音就是赞美，最好的礼物也是赞美，成功的赞美能给他人带来愉悦，能使他人受到鼓舞。赞美是我们乐观面对生活所不可缺少的，是我们自信、自我肯定的力量源泉。赞美是人际关系的润滑剂，还可以约束人的行动，使人主动自觉地克服缺点，积极向上。

这个世上，试想有谁不喜欢被他人赞美呢？从社会心理学角度来说，赞美是一种有效的交往技巧，能缩短人与人之间的心理距离。可以说喜欢被人赞美是人的一种天性。

这里有一个故事：一个公司里的孙、张两个人闹了矛盾。一天小张对她的同事李先生说："你去告诉孙小姐，我真受不了她，请她改一改她的坏脾气，否则我再也不会理她了。"李先生说："好，我会处理这件事。"之后，当张小姐再遇到孙小姐的时候，果然觉得她不再那么盛气凌人了，而且还主动地跟张小姐友好地打了招呼。在以后的日子里，孙小姐变得和气又有礼貌，与从前相比，简直判若两人。张小姐就向李先生表示谢意，并且好奇地问："你是怎么说服她的？"李先生笑着说："我只是跟孙小姐说，'有好多人都称赞你，尤其是张小姐，说你既温柔又善良，不光人长得漂亮，脾气也好，人缘也好！'如此而已。"

在生活中，有时一味的责备和批评往往只会带来更大的怨怼和不满。如果你的目的是为了让状况改善，为什么不试试用夸奖的方式呢？法国名人拉罗什富科说："理智、美丽和勇敢的赞扬提高了人们，完善了人们。"

20几岁的年轻人应该学会赏识、赞美他人，努力去挖掘他人的闪光点。同是一棵树，有的人看到的是满树的郁郁葱葱；而有的人却只看到树梢上的毛毛虫。为什么同样一件事物，会产生两种截然不同的结果呢？原因就在于有的人懂得赏识、赞美，而有的人只会用挑剔、指责的眼光看待事物。

一名记者曾做过一次调查：经常赏识他人，夸奖、赞美他人的人往往处事积极乐观，受人欢迎，受人尊敬，不常生病，并且比一般人长寿；而常指责、抱怨的人没有朋友，孤单落寞，身体、心理都比较脆弱，比一般人寿命短。心理学家们也认为：使一个人发挥最大能力的方法是赞赏和鼓励。在生活中，大多数人希望自身的价值得到社会的承认，希望别人欣赏和称赞自己。所以，能否获得称赞以及称赞的程度，便成了衡量一个人社会价值的标尺，每个人都希望在称赞声中实现自身的价值。

爱听奉承话是人的天性，虚荣心是人类的弱点。当一个人听到对方对自己的吹捧和赞扬时，心里会产生一种莫大的优越感和满足感，自然也就会高高兴兴地听从对方的建议。许多有为的人更是如此，如钢铁大王卡内基，他就喜欢别人的恭维。

当面赞扬他人并不是一件特别难的事情——从“气色不错”到“这个发型很适合你”，或者“你做的企划非常棒，对我很有启发”，甚至是一句“相信你一定能做到”的鼓励，都会让对方感觉到被关注，无形中拉近你们之间的距离。同级别的人还好办，如果赞美的对象变成了上司，对一些人来说，就成了天大的心理障碍了，“拍马屁”的恶名是万万担待不起的。可上司也是人哪，高处不胜寒，一个领导者，有时候不可避免地对一个总是夸赞他的手下产生好感甚至依赖感。就拿A的上司来说——平时自己独处一间办公室，跟下属接触的机会相对较少，再加上本身就长得一脸威严相，年纪又跟大家拉开了档次——整个团队，除了那个“能力低下”的家伙之外，别人对他从来都是摆出一副不苟言笑、公事公办的阵势。这种时候，就算你的业务能力再出众，想必也敌不过非常到位的“马屁”给上司带来的那点儿小温暖吧。

在我国四大名著之一的《三国演义》中，曹操就非常善于用赞美来激励自己的将领。如在许诸与李傕的交战中，许诸连斩二将，曹操即手抚许诸之背，把他比作刘邦手下的猛将，说："子其吾之樊哙也！"又如当荀彧弃袁投曹后，曹操见其才华出众，当即把他比作刘邦手下的谋士张良，高度赞美："此吾之子房也！"又如在与关羽交战中，徐晃孤军深入重围，不仅取得胜利，还军容整齐而归，秩序井然，曹操当即把他比作汉朝名将，大加赞赏地说："徐将军真是周亚夫之风矣！"

可以说赞美、赏识就像风对于帆，就像是雨露对于种子，这种精神鼓励实际上超过任何物质奖励的作用。赞美是我们成长过程中不可缺少的营养品，也是希望，是动力，是用自己的心灵之火去点燃别人的心灵之火。

20几岁的年轻人要学会赞美他人，在生活中学习和掌握好这一生活的智慧，以欣赏的目光去看待他人，这会让我们张开心胸，放宽眼光，能看到更美丽、更和谐的社会和人生。

有的人喜欢谦虚，甚至有过于敏感的人不喜欢听到别人的赞美之词，他们会把这种赞美之词当作是一种变相的讽刺。本来是好心夸他的啊，为什么他总是往坏的方面想呢？有个很巧妙的方法教给20几岁的年轻人：你可以多对身边的同伴说这个人的好处。这是因为我们现实生活中获取信息的一个很普遍的方法便是从别人的口中获得！两个人一块儿聊天的时候一定会谈起第三个人，那么，你对别人的赞美之词或者厌恶之词终有一天会传到这个人的耳朵中！所以，20几岁刚踏入职场的年轻人千万要记得：不要在同伴面前谈论别人的坏处，要多赞美！

有的人就不同了，几句赞美就可以让他们飘飘然，对于这样的人，给予太多的赞美之词就显得你太过奸猾，不像是好朋友了！中国人讲究说话要含蓄，在这里可是很能派上用场的。含蓄的赞美，并且提出适当的建议，这样的心一定会被人感激的。

20几岁的年轻人要记得在职场中的赞美要实在，因为不实的赞美会让别人觉得你很虚伪，也会让受到赞美的人觉得难堪！私下里的赞美要夸大，即使是赞美得好上了天，对方谦虚得脸红得一塌糊涂，他也一定会很高兴的！这便是赞美的艺术！

水至清则无鱼，人至察则无友

20几岁刚踏入职场的年轻人，更为注重的应该是职场形象，要想树立职场形象，有时不妨装下糊涂，不要因为利益而与身边的人斤斤计较。

"水至清则无鱼，人至察则无徒"这句俗话，源于《大戴礼记·子张问入官》，意思是：水太清澈就没有鱼了，人过分精明就没有朋友。水太清，没有杂质，自然也没有虾米，没有虾米，那也就没有鱼生存的必备条件。另外，水太清，鱼没有躲藏的地方，自然也就无鱼。察，意为精明。人，太精明了，那也就没人敢与他做朋友。或许人在说不清、道不明的人情世故的海洋里，也只有随波逐流才能在社会中谋得一角天地。

金无足赤，人无完人；水至清则无鱼，人至洁则无友。这是告诉我们每一个人都是有优点和缺点的，人与人相处更多的应该是求同存异，学会宽容与妥协，才可能交到知心的朋友，你的生活才不会寂寞。如果经常因别人的缺点去指责别人，慢慢的你就会失去大家的信任，而渐渐的变成孤家寡人。

"人至察则无徒"，就是"装糊涂"。你什么都懂，动辄将别人的心思抖搂出来，还自以为明察秋毫，智商很高。你敢与这种人打交道做朋友吗？所以，没有一定阅历的人是不会理解"难得糊涂"之玄妙。古人知道此解法，不气死才怪呢！

"人至察则无徒"，就是不能太精明，什么事都看得太透彻，所以才会有人追求"难得糊涂"此类的话。"难得糊涂"是个人对待得失的态度。对于得失与利益，不必太斤斤计较、耿耿于怀，做一个豁达与糊涂的人。人生短暂，被太多外在的东西牵绊时，人生也就不快乐了！

20几岁的年轻人要想树立自己的职场形象，更要懂得“人至察则无徒”的含义，在职场生活中懂得装装糊涂，也是一门学问。当然，这里的装糊涂并不意味着对工作中的错误可以消极懈怠，甚至发现了错误也睁一只眼闭一只眼，这不是真正的糊涂之道。“人至察则无徒”所提倡的糊涂是对一些利益得失的事不要斤斤计较，这一点对于20几岁刚踏入职场的年轻人来说至关重要。尤其是在面对薪资的问题上，我们可以让自己糊涂一点，多交几个对自己的职业发展有用的朋友更重要。

过犹不及，说的永远比需要的少

吕坤在《呻吟语》中说：“到当说处，一句便有千钧之力，却不激不疏，此是言之上乘，除此虽十缄也不妨。”职场中的年轻人应该谨记一点：保持沉默比说许多废话有益处。

古语道：君子慎言，祸从口出。就是说，作为一个有德行的人，不要对人、对事妄加评说，有些事自己心里明白就行，有些话能不说就不说，实在没办法，敷衍一下，也就过去了。不经大脑考虑就脱口而出，容易失言，甚至会在无意中伤害了别人，或者给别人留下攻击自己的口实。说者虽无心，听者却是有意的事，是最常见不过的。

纽斯·马休斯（Gneaus Marcius），被誉为战神科里奥拉努斯（Coriolanus）。在公元前5世纪的前半期，他多次在重要的战役中取得胜利，一次又一次地从血雨腥风中把罗马城拯救出来。由于他绝大部分的时间都是在战场上度过，很少有罗马人认识他本人，这使得他成为谜一般的传奇人物。

公元前454年，科里奥拉努斯决定参加高级执政官的竞选，以拓展名望，进入政界。竞选这个职位的候选人，按规定必须在选举初期公开发表竞选演说。科里奥拉努斯来到众人面前，向大家展示了他17年来为罗马征战而在身上留下的累累伤疤。他身上的伤疤已充分证明了他的爱国和勇敢。人们感动得热泪盈眶，认为他的当选几乎是肯定的。

投票的那一天到来了，科里奥拉努斯开始发表演说了，他的话都是说给陪同他的那些富人听的。他的言语傲慢而粗鲁，宣称自己竞选肯定会获胜，吹嘘自己在战场上的功绩，粗暴无礼地指责竞争对手，还说一些无聊的笑话来讨好那些贵族，夸张地说自己将会给罗马带来财富。这一下人们听明白了：原来这位传奇英雄也只不过是个平庸的吹牛大王。

科里奥拉努斯第二次演说的内容和消息迅速传遍了罗马，大批的平民改变了主意，决定不投他的票。科里奥拉努斯竞选失败了，他痛苦地返回了战场，暗暗发誓一定要报复那些投票反对他的平民。几个星期后，有一大批粮食运抵了罗马，元老院打算把这批粮食免费发放给市民，正当他们就这个问题进行投票表决的时候，科里奥拉努斯出现在了元老院，并参与了讨论。他极力反对把粮食发放给市民，认为这会对整个罗马造成伤害。有几位元老被说服了，于是发放粮食的提议被驳回。然而科里奥拉努斯并未就此罢休，他进而开始谴责民主的理念，他鼓吹剥夺平民代表(即护民官)的权力，把统治管理权交给贵族。

科里奥拉努斯的这番讲话传到了市民耳中，市民们怒不可遏。护民官们被簇拥到了元老院，他们要求科里奥拉努斯出来与他们当面对质，但科里奥拉努斯拒绝了。于是整座城市爆发了骚乱。元老院害怕被人民的怒火波及，最终重新投票赞成免费向市民发放粮食。护民官的怨气平息了，但老百姓仍然要求科里奥拉努斯向他们道歉。如果他忏悔了，并同意收回原来的言论，人民就允许他回到战场上。

科里奥拉努斯终于出现在了众人面前，大家屏气凝神听他讲话。刚开始他的发言缓慢而轻柔，然而越往下说，他就变得越来越粗鲁，甚至再次出言不逊侮辱人民！他的语气和表达充满了轻蔑和傲慢，他说得越多，市民们就越加愤怒，最后市民们叫他滚下台却不许他再发言。

护民官们紧急商议，决定宣判科里奥拉努斯死刑，并命令治安官立刻逮捕他，押到塔匹亚山岩的顶上把他丢下去。市民们大声欢呼这个决定，这时贵族们出面干预了，最后科里奥拉努斯被判终生流放。当市民们得知这位原来的英雄人物永远不能再回到罗马城的时候，纷纷走上街头庆祝。而实际上，即使是击败了强大的外来敌人，人们也没有如此盛大地欢庆过。

在进入政界之前，科里奥拉努斯之名令人敬畏。他在战场上的丰功伟绩使他获得了伟大勇士的称誉。由于市民们对他了解很少，因此他的名字充满了神秘和传奇。然而，当他出现在罗马市民面前，说出自己内心的真实想法之后，他身上所有伟大和神秘的光环便消失了。他像一名普通士兵一样自吹自擂、大叫大嚷。也许是出于恐惧和缺乏安全感，他出言不逊，侮辱和诋毁平民。突然间，他再也不是人们心目中想象的样子了。传说与现实的巨大反差，使那些信赖心目中英雄的人们极度失望。科里奥拉努斯说得越多，就越显得无力——一个人如果无法控制语言，就表明他无法控制自己，这样的人根本不值得尊敬。

刚涉足职场的人对人际关系的处理很是头疼，有时你以为是好心规劝别人，不料却惹恼他人，轻则伤和气，重则引火烧身。一个人有缺点、有错误，你不妨指出来，让他改正，但前提是你必须深深了解他，确定他能接受你的批评。不然，你说也是白说，也许还会结下仇怨。如果到了这时你还多言，可真是“咸吃萝卜淡操心”了。“誉我则喜，毁我则怒”，本是人之常情。聪明的人知道，别人可以以毁誉加于我，我却不可以毁誉加于人。

俗语道：害人之心不可有，防人之心不可无。在言辞上，也应如是。为人过于忠厚，不存戒心，把心里话都掏出来，逢人便是知己，终会被小人利用。

一个非常忠厚老实的朋友曾说：他刚分到一个单位时，对很多东西看不惯。他并不是过于挑剔的人，只是一些事太明显了。他对几个平常关系还不错的同事讲，可别人总是附和，或想方设法把谈话引向深入，结果他的一肚皮牢骚一字不差地传到单位领导的耳朵里，慢慢地，别人都不再与他交往了。他呢，也把自己封闭起来了。祸已从口出，泼在地上的水，还能收回来吗？

当人人都存有戒心时，会对别人说的话仔细品味，误解的时候却很多。同样一句话，在不同场合，对不同的人，却产生不同的效果。

职场中的明智之士对自己平日所说的话，要有随时敢于负责的决心。在你说任何话之前，要先问问你自己，是否必要，若是不必要就别说。这是训练的第一步。我们既不要随便谈论自己，也不要随便议论别人。谈论自己往往会显得自大虚伪，在名不副实中失去自己；议论别人往往会陷入鸡毛蒜皮的是非口舌中纠缠不清，尤其是议论别人的短处，会降低你的人格。

比如在一家公司里有一个女员工张小姐，她有一个毛病，就是常常打听别人的隐私，如同事与同事之间、同事和老板之间的关系，甚至连别人的夫妻感情也要刨根问底，一惊一乍的。刚开始的时候，别人还认为她是对他人关心，就当成谈资笑料说说，但后来发现她对谁都一样，还把同事甲的事情拿去和同事乙做比较，对此大家都后悔不已。此后大家一见她来了，就立即实行"坚壁清野"政策，躲不掉就顾左右而言他，比如天气、新闻什么的。因为说不定什么时候，一个毫不经意的信息就可能成为一件杀伤性武器，被人别有用心地进行"恐怖袭击"。

现代社会竞争激烈，嫌怨、嫉妒的心态不免出现，在和朋友闲话之时，很容易把不满的情绪发泄出来，散播流言，有时只为逞一时之快，抒发内心的不平衡。

若你在说话时，稍微留意自己的神态、举止及旁人的表情及反应，你会发觉自己很容易兴奋到忘"嘴"的境界。常听老一辈的人说，做人要有"口德"。要处处与人为善，人前人后要多说些赞美、鼓励、支持的话，而不要口不择言，去批评、讽刺、破坏别人。

而对惯于飞短流长的人，除了敬而远之，也不要太在意，一笑置之，这是心灵上的修持，心性上的修养，同时也提醒自己更重视口德。

要想少树敌，事业上少飞来横祸，就少聊别人的八卦，比如某君有不可告人的隐私，你说话时偏偏在无意中说到他的隐私，言者无心，听者有意，他会认为你这是有意跟他过不去，从此他对你恨之入骨；有的人做的事，别有用心，极力掩饰不使人知，如果被你知道了，必然对你非常不利。如果你与对方非常熟悉，也绝对不能向他表明你绝不泄密，那将会自找麻烦。惟一可行的办法，只有假装不知，若无其事；他有阴谋诡计，你却参与其事，代为决策，帮他执行，从乐观的方面来说，你是他的心腹，而从悲观的方面来说，你就是他的心腹之患。你即使谨守秘密，从来不提及这件事，万一另有人识破机关，对外宣告，那么你就无法逃掉泄露的嫌疑。对方获得了成功是由于采纳了你的计策，而他又是你的上司，那么他必然会怕好名声被你抢去，内心悄悄不安。你知道这一情况后，就应该到处宣扬，逢人便说，极力表示这是上司的计谋，是上司的远见，一点儿也不要透露你曾经出了什么力。

在办公室里，同事和同事，每天见面的时间最长，谈话可能涉及工作以外的各种事情，“讲错话”常常会给你带来不必要的麻烦。同事与同事间的谈话，如何拿捏分寸就成了人际沟通中不可忽视的一环。

1.办公室不是互诉心事的最佳场所

有许多爱说、性子直的人，喜欢向同事倾吐苦水。虽然这样的交谈富有人情味，能使你们之间的感情变得深厚，但是研究调查指出，只有不到1%的人能够严守秘密。所以，当你的个人危机如失恋、婚外情等等发生时，你最好不要到处诉苦，不要把同事的“友善”和“友谊”混为一谈，以免成为办公室的注目焦点，也容易让老板对你形成问题员工的印象。

2.办公室里最好不要辩论

有些人，在说话的态度上有“不自觉性”的坏习惯，比如喜欢争论，一定要胜过别人才肯罢休。假如你实在爱好并擅长辩论，那么建议你最好把此项才华留在办公室外去发挥，否则，即使你在口头上胜过对方，但其实是你损害了他的尊严，对方可能从此记恨在心，说不定哪一天他就会用某种方式还以颜色。

3.不要成为“耳语”的散播者

耳语，就是在别人背后说的话，是沟通不良的后果。只要人多的地方，就会有闲言碎语。有时，你可能不小心成为“放话”的人；有时，你也可能是别人“攻击”的对象。这些耳语，比如领导喜欢谁、谁最吃得开、谁又有绯闻等等，就像噪声一样，影响人的工作情绪。聪明的你，要懂得，该说的就勇敢说，不该说的绝对不要乱说。

4.当众炫耀只会招来妒恨

有些人喜欢与人共享快乐，但涉及你工作上的讯息，譬如，即将争取到一位重要的客户，老板暗地里给你发了奖金等，这些最好不要拿出来向别人炫耀。只怕你在得意忘形中，某些人的眼睛已经发红。

行走职场，不妨试试“曲线沟通”

不管是曲线沟通，还是直线沟通，本质上都是沟通，只是沟通的技巧和方式不同罢了，关键是要适当运用，要分情况看环境，不能一概而论。用好了能让你在职场上获得更好的人际关系，使用不当，会影响你与上司和同事之间的关系。

如战场一般的职场中，面对面的直接交锋，稍有不慎，就可能将辛苦维系的良好形象毁于一旦，这样的沟通谁都不想要。而一次巧妙的曲线交流，让话语和行动力都艺术地转个弯，避免猜忌或误会，才能让20几岁的年轻人在职场上站稳脚跟，树立起自己良好的形象。

直线距离最短，但在职场中走曲线道路才是最便捷的沟通方式，也是最得人心的。曲线沟通，就是在保持“和气生财”这样一种关系状态的基础上去创造各种进一步沟通的可能。任何形式的沟通其根本前提就是“和”。懂得曲线沟通并且有过“曲线沟通”经验的人都会知道，有时候你退一步了，看看吃亏，其实不然，“忍一忍风平浪静，退一步海阔天空”之后，一些奇迹发生了，那些占了便宜的顾客，再次来见你的时候心里可能反而变得忐忑不安起来，有了难为情或者不好意思的感觉了，而此时，有了融恰的气氛，才是你与之展开真正沟通的大好时机。

与曲线沟通相反，就是那种个性一根肠子直统统到底的人，这种人很多见。人们往往对这种直来直去的性子赞赏有加。这在传统的人际关系上并无可厚非，但在现代更为复杂严峻的人际关系中这样的直率似乎有点跟不上形势和要求。因为，现代人的流动和关系都比过去广泛和复杂了，如果把“直率”一成不变沿袭下来，不懂一点曲线沟通的艺术，恐怕常常要与人发生碰撞。

张小燕去年毕业后进入了一家公司，在市场部工作。顶头上司是位女经理，平时待人随和。她让张小燕起草一个标书，投标一座写字楼的装修工程。接到任务后，张小燕既兴奋又紧张，因为这是她第一次独自制作标书，稍有闪失就会影响竞标成功。加班加点，日夜不停，一周后终于完成。怀揣这30余页的标书来到女上司办公室，经理粗略浏览了一下，然后说：“标书先放这里，你先回去吧。”

标书制作得怎么样？她满意吗？这些张小燕都心里没有底儿，反而更加忐忑不安了。第二天早晨，上司那边仍然没有反应。张小燕知道以前也有这种情况，同事做的标书交到上司那里没有了任何音讯，最终结果是被否决了。正在张小燕胡思乱想时，一个经验丰富，也是部门资格最老的男同事过来关切地说：“小燕，你的标书做得怎么样了？需要我帮你看看吗？”张小燕赶紧把自已备份的标书拿给他。他用红笔在标书上做了大量修改，有些数据和资料做了矫正。用了整整一个下午，他们俩又把标书重新做了一次。当小燕再次把标书送到上司手中时，小燕注意到她的脸上有一丝笑容闪过。后来，公司竞标成功，在庆功会上，上司表扬小燕标书做得好，立了很大功劳。

小燕心里更加感激那位男同事了，后来主动约请他吃饭。饭局中他告诉小燕，其实是经理让他帮助小燕的，并且告诉他哪些地方需要改正和完善。男同事最后说："可能是经理怕直接告诉你会打击你的积极性吧，所以采取了这种'曲线沟通'方式。"此时，小燕才恍然大悟，更对经理充满了敬意。

上司同下属沟通，尤其在批评或指出下属工作失误或不足时，最好采取曲线沟通的方式，言词尽量委婉，语气尽量平和，既不要伤害下属的自尊心，又能促进下属在工作上的改进和完善。表达方式上可灵活多样，不一定要当面说，也可以采取正面引导的方式提醒下属。当然，作为下属，在同上司沟通时，更需要技巧。尤其是上司出现明显失误时，绝不要当众纠正甚至顶撞上司，要采用上司能接受的方式，比如单独面谈、E-MAIL、MSN等。

充分领会上司的意图是下属的一项基本技能，当上司喜欢委婉表达他的意见时，一定要注意听话外音，还要注意观察上司的表情和神态，这些都暗含着某种意义。当然，这种领会绝不是胡乱猜测，否则，误解了上司的意图同样会很被动。你可以考虑和同事一起向上司反映，把实际情况客观地说出来，以委婉的语气提出想法，上司一般都会体谅下属的。

面子很重要，但不是最重要

在国人的社会生活中，面子是很重要的，很多人努力地维系着自己的面子，良好人缘更需要面子的维系，但请20几岁的年轻人记住，面子固然是重要，但并不是最重要的，年轻人在工作中没必要紧紧抓住面子不放，以免错失更多的东西。

在中国人的社会观念中，面子是一件很重要的事，有时为了面子，小则翻脸，大则会闹出人命。如果你是个只顾自己面子，却不顾别人面子的人，那么你必定是个有天会吃暗亏的人。正所谓"人要脸，树要皮"，面子，谁不想要？让你有面子的最有效方法:你可以先给别人一点面子。

有位文化界朋友，每年都会受邀参加某单位的杂志评审工作。这工作虽然报酬不多，但却是一项荣誉，很多人想参加却找不到门路，也有人只参加一二次，就再也没有机会了。问他为何年年有此“殊荣”，他在年届退休，不再参加此项工作后才公开秘诀。他说，他的专业眼光并不是关键，他的职位也不是重点，他之所以能年年被邀请，是因为他很会给别人面子。他说，他在公开的评审会议上一定把握一个原则:多称赞、鼓励而少批评。但会议结束之后，他会找来杂志的编辑人员，私底下告诉他们编辑上的缺点。因此虽然杂志有先后名次，但每个人都保住了面子。而也就因为他顾虑到别人的面子，因此无论是承办该项业务的人员还是各杂志的编辑人员，大家都很尊敬他、喜欢他，当然也就每年找他当评审了!

20几岁的年轻人常犯的毛病是，自以为有见解，自以为有口才，逮到机会就大发宏论，把别人批评得非常难堪，自己则大呼痛快。其实这种举动正是在为自己的祸端铺路，总有一天会吃到苦头。事实上，给人面子并不难，也无关乎道德，大家都是在人性丛林里过生活，给人面子基本上就是一种互助。尤其是一些无关紧要的事，你更要学会给人面子。至于重大的事，就可以考虑不给了，你不给，对方也不敢对你有意见。他若强要面子，就有可能在最后失去面子。

面子固然重要，那你心里的尊严重要吗？我相信它们对你的生活也会有一定的影响。至于面子究竟重要到哪种程度，这要看你自己的心里怎么想，重不重要，在你的心里是一个什么样的态度呢？千万不要因一时的逞强，而就这样错失了自己最宝贵的东西！自己最珍惜的东西，甚至于你的生命，没有什么比活在这个世上更重要！20几岁的年轻人请珍惜所有的一切吧，要知道你的人生还有很长的路呢，你生活还没有享受完呢！

中国人所说的面子并不尽然是指的“脸面”，也许更多的是人的一种类似尊严的东西。其实面子并不能重于一个人的尊严。人的尊严才是最重要的，而尊严的维护和面子上过得去过不去并不是一码事。有很多的时候我们需要宁可丢面子也要维护自己的尊严，而不是相反，为了面子而不顾自己的尊严。现实生活中，你有面子是好事，但你无须将你所有的面子一股脑儿地搬出来亮给他人看。

有一位留学美国的计算机博士，毕业后在美国找工作，结果接连碰壁，好公司没人要，一般的公司又放不下面子去，结果许多家公司都将这位博士拒之门外。这样高的学历，这样热门的专业，为什么找不到一份工作呢？

万般无奈之下，这位博士决定不在乎面子，换一种方法试试。

他收起了所有的学历证明，以一种最低身份再去求职。不久他就被一家电脑公司录用，做一名最基层的程序录入员。这是一份稍有学历的人都不愿去干的工作，而这位博士却干得兢兢业业、一丝不苟。没过多久，上司就发现了他的出众才华：他居然能看出程序中的错误，这绝非一般录入人员所能比的。这时他亮出了自己的学士证书，老板于是给他调换了一个与本科毕业生对口的工作。过了一段时间，老板发现他在新的岗位上也游刃有余，还能提出不少有价值的建议，这比一般大学生高明，这时他才亮出自己的硕士身份，老板又提升了他。

有了前两次的经验，老板也比较注意观察他，发现他还是比硕士有水平，对专业知识了解的广度与深度都非常人可比，就再次找他谈话。这时他拿出博士学位证明，并叙述了自己这样做的原因。此时老板才恍然大悟，毫不犹豫地重用了他，因为对他的学识、能力及敬业精神早已全面了解了。

这个博士是聪明的，在碰了几次钉子后，他放下身份与架子，不在乎自己博士的面子，甚至有意让别人看低自己，然后在实际工作中一次次地展现自己的才华，让别人一次一次地对自己刮目相看，他的形象就逐渐高大起来。许多年轻人初入社会时，往往把自己的一堆头衔、底牌全部亮出来，夸耀自己，结果或者让别人反感，或者招来很高的期望值而让人失望，稍有失误便不好翻身。

20几岁的年轻人要想获得成功，就需要放下自己的身段，把自己的面子隐藏起来，毕竟面子不能代表奶酪与面包。由此可见，面子很重要，但不是最重要的。

千万拿捏好办公室“白色谎言”的尺度

职场中的“白色谎言”随处可闻，固然有些“白色谎言”可以避免尴尬，起到润滑人际关系的作用，但倘若不能拿捏好“白色谎言”的尺度，最终会弄巧成拙。

我们中99%的人，都经历过白色谎言的袭击，或是对别人善意隐瞒，或是被别人善意欺骗。放眼我们周围，注意身边人们的言行，或者说，反省一下自己，是不是到处都有类似的白色谎言呢？答案是肯定的。我们身在职场，可以说，人在江湖，身不由己。一些与己便利，与人无害的职场谎言，说得对可以使你的职场生涯更加顺畅，但是说错了，恐怕也会麻烦连连。

“今天你穿得真有个性。”

“好久不见，你看上去还是那么年轻！”

“我总想着过来拜访你，可就是抽不出时间……”

也许是卡耐基的理论太风靡了，这些不痛不痒的白色谎言飘荡在办公楼的每一个角落，挥之不去，与我们的生活融为一体。每个撒谎者都试图以此取悦别人，从而换取别人的好感和回报，不管那好感是真是假，甚至同样是一箩筐白色谎言。按照分类学的标准，对职场白色谎言进行分类，就其说谎的目的性，大致有以下五款“白色谎言”：

白色谎言一：讨好型

此款式最为常见，也极其流行。“今天你穿得真有个性”、“好久不见，你看上去还是那么年轻”、“我总想着过来拜访你，可就是抽不出时间”。用一些可能和实际有出入的溢美之词去称赞人："你愈来愈年轻"，"你苗条了很多"等等；这些"讨好型"白色谎言飘荡在职场每一个角落，挥之不去，已经与我们的生活融为一体。每个撒谎者都试图以此取悦别人，从而换取别人的好感和回报。这年头十五至五十的体健貌端的女性都可称之为"美女"，廉价的赞美越来越没人当真！但是，大家还是心照不宣地赞美着。

白色谎言二：自保型

譬如爽约，明明贪玩忘记时间，偏要说是路上堵车。撒谎者一是为了逃避责任，二是为了避免激怒受害者。遇到紧急情况，明哲保身为上。这类白色谎言，虽然让说者和听者都避免了尴尬局面，却很可能伤害到无辜的第三方。职场上下自保型白色谎言最容易伤及无辜，比如，某项工作出了纰漏，为了自保，总说谁谁没有交代清楚，谁谁没有按照说的办等。是这样吗？

白色谎言三：同情型

关键词为 "其实你很棒"、"我们都看得见你的努力"、"一切都会好起来的"、"其实你一直为单位着想"，通常用于安慰情绪不佳或表现糟糕的同事和朋友。这款不限量 ，随便用。有的同事英雄无用武之地，得不到重用，管他是不是真英雄，说些善意谎言宽宽其心，未尝不可；比如一个人评职称落榜，周围很多同事会说：你条件早就合格了，下一个指标应该就是你的。这些谎言听听就好，照单全收了心情也会好一些。

白色谎言四：包庇型

在一个单位，谁都有亲近者，谁都有趣味相投者，部门内都有较好的同事。单位领导查岗，部门的头目一般都会为不在岗的部下找到合适的理由，开脱罪责。说某某请假了，某某的亲人有急事，一会儿就回来，某某给孩子开家长会了，某某感冒去医院拿药了等等，冠冕堂皇。为的是帮助同事不要被领导责罚

白色谎言五：炫耀型

此类型目的在于显示自己的权势和地位，透露自己的生活水平和个人修

养等。职场要应酬，本来没怎么喝酒，他会说这几天连续喝酒，昨天又喝高了的话，让人体味他的重要和好人缘；他的不起眼的小学同学，他能说成同桌，且手握重权，什么什么工程他能争取等，拉大旗做虎皮。此类谎言俗称吹牛，目的就是为了牢固树立自己的地位，靠炫耀拉人气和关注度。

某贸易公司的员工经常接到客户的催货电话，最常用的应对方法是："货已经在路上了！"如果客户不信要求查看发货清单，他们就会说："会计回家生孩子去了。"

有一次，客户气急败坏地说："前几个月你们就跟我说会计回家生孩子去了！请问她到底是难产还是怎么着？"该员工情急之中说："呃，呃，那个，会计她已经生完了，在家坐月子呢……"

这样的谎言，已有恶意隐瞒的嫌疑了。商场胜情场，谁会全心全意相信对方呢？一时保全并不等于长治久安。如果你想在职场上稳扎稳打，打造个人品牌，那最好别滥用白色谎言。

与其违心讨好别人，不如费心装点自己。对于"白色谎言"，区分对待之。倘若情势所迫必须自保，可在不伤害第三方的前提下为之。倘若撒谎或不撒谎都不会改变结果，那宁可不撒谎，还能落个诚恳老实坦白从宽的好名声。

我们在用这些谎言拒绝朋友时，一定要记住，这只是一时的权宜之计，不是长久的办法，谎话说多了，朋友迟早察觉得出来，对于朋友还是实话实说的好。

卸下"过度防卫"的包袱

有人在职场上成功了，而有人却失败了。失败者容易产生强烈的自卑心理，往往由此采用过度的防卫手段，从而造成职场"过度防卫心理"。20几岁的年轻人在失败后应重新认识自我，从而解除"过度防卫心理"。

随着社会的发展，个体之间的竞争越来越激烈，总会有一些人败下阵来，再加上自身性格、家庭、社会等多重因素的影响，有些人就会产生怯懦及很强的自卑感，极易导致紧张不安、烦躁、焦虑或抑郁，为达到心理平衡，他们往往采用过度防卫的手段，将对自身的不满投射到别人身上，把“我讨厌自己”转嫁成“别人讨厌我”，进而形成工作、生活中的“心理过度防卫”。譬如刚参加工作的沙小姐，在工作中遇到许多困扰，总害怕别人说她"笨"，每时每刻都在提防别人的言行，因而甚感自卑和烦恼。这就是一种“过度心理防卫”机制产生的作用。

在一家外贸公司上班的小蔡十分烦躁。原来，她进公司已经半年的时间了，却很难与周围的同事们融合在一起。小蔡参加工作已经三年多的时间了，这期间，有过失败，也有过煎熬，但是她都一一克服了，坚强地找回了自己。如今的小蔡却发现，自己再也没有以前那么乐观了，对自己的同事也开始防范了起来。事情是这样的：前年，小蔡进一家公司当企业策划，由于表现出色，为人老实，不久她就受到了老总的赏识。在一次与别家公司的竞争中，小蔡的策划吸引了前来的客户。高兴之余，她与公司两位比较聊得来的女同事一起出去吃饭，并在吃饭的过程中不小心把策划的内容说了出来。

不知是无心还是有意，两位女同事在跟公司其他人聊天的过程中把这件事说了出来。这时，正好被经过的经理听到了。经理十分生气，并把小蔡叫到办公室，指责她的行为会对公司造成不良影响。

从那时起，经理虽然没再提起过这件事，但每次布置任务时都会提醒小蔡要注意保密。小蔡听后，心里很不是滋味，认为经理对自己已经失去了原有的信任。从此，她变得自闭。

心理学表明，自我认识与本身实际情况越接近，所表现的自我防卫行为就越小，社会适应力就越强，反之则不然。对于防卫过度者，同事在短时间内、小事情上可以接受，时间长了就会反感，从而敬而远之。防止心理防卫过度，应该注意如下几个方面：

1.客观地认识评价自己和他人，承认别人强过自己的地方，同时不轻易否定自己；

2.充分发挥自己的性格优势，据此把自己的职场优势尽力发挥出来；

3.确立符合自己优势的职场目标，为达到目标多做努力，从而降低过度防卫的心理机制。

4.同事都喜欢诚实守信的人，以诚待人是建立良好人际关系的前提。

过度防卫者则认为是别人看不起他，为了减轻自己的痛苦而再一次伤害他人。如此形成“恶性循环”，不仅损害了自身的心理健康，也使人际关系陷入僵化，导致了自己社会适应不良。在人生的旅途上，并非都是铺满鲜花的坦途，倘若一蹶不振，情绪低沉，心情抑郁，精神反常，心理上防卫过度，长期处于沮丧、懊悔、消沉、苦闷、忧伤的状态，不但影响工作情绪和生活质量，而且有害于身心健康。 要防止心理防卫过度，应该注意以下四点：

1.要培养自我认识和自我接受能力，客观地评价他人，全面看待自己的优缺点，找出自身存在的不足，正确处理成功与失败的关系。

2.根据自身所处环境和具体情况，不好高骛远，确立一个符合自己的目标，充分发挥自我优势，做一些让自己满意的事，以求平衡。

3.要注意建立良好的人际关系，同事之间应以诚相待，避免形成过强的嫉妒心理，多向有经验的人学习请教，努力克服自卑、怯懦的不良情感。

4.自我解嘲，就是当自己的需求无法得到满足而产生不良情绪时，为了消除或减轻内心的苦闷和烦恼，并就此进行自我安慰，求得心理平衡，以防思想和行为出现偏差。如同寓言中所说的那只狐狸，曾经挖空心思、千方百计要得到高墙上那串葡萄，可是最终还是未能如愿。于是便转身边走边安慰自己：“那串葡萄一定是酸的！”在得不到甜葡萄的情况下，只得吃酸柠檬却硬说柠檬是甜的，有意美化得到的东西。这种心理防卫方式，可以帮助自己松动一下既定的可望而不可即的追求目标，使自己失望、不满的情绪得到平衡和缓解，把自己锻炼得更加成熟和坚强。

第三章

20 几岁该挣的不只是薪水，是口碑指数

好的口碑是一种无形的资产，可以为人们带来意想不到的收获。20 几岁刚踏入职场的年轻人要想在职场中站稳脚跟，获得更好的发展，就一定要树立一个好口碑，以自己的口碑赢得更多职场人士的尊重和信任，从而达到更好的推销自己的效果，进而让更多的人关注自己，最终使自己进入领导的视野，为自己的职场发展谋划更好的出路。

“推销”自己是一生都要做的事情

其实我们生活中的每一天都在与不同的人接触，经常出现在不同的场合，时时都有推销自己的机会，如果你努力去寻求好的机会，多用心去寻求机会，就会使你创造更多的价值，使你获得更多的回报。

20 几岁的年轻人要想推销自己，就先得认真地观察周围的环境、别人的言行举止，选择什么样的人对你是有益的，什么样的机会对你是有益的，当你认准某个对你有益的人和机会时，就要及时的把握，千万不要等待，机会也许会在那一瞬间就丢失。20 几岁的年轻人要想推销自己，同时也要有目的地寻找自己所需要的机会。

张明 30 岁不到却已经是一家刚在中国发展的财务公司中国区负责人了，他很清楚要得到各方面的助力，就要用尽一切手段推销自己。

一次，公司要扩建办公室，当时一平方米的楼价即高达 9000 多元，按公司总部给张明的预算根本无法负担如此庞大的费用，但此时，救命的贵人却出现了，原来，他的人脉组合发生了效应。以前，张明曾到医院去探视过一位领导的太太，而且还是第一个去拜访的，没想到，这位退休领导将这事深深地记在脑海中，于是愿意主动出面与业主斡旋，让他可以便宜地以一平方米仅 7800 元的价钱购得，这足足为张明省下 20 多万元，这一切都要归功于平日张明“推销”自己的功劳。

推销自己是很重要的，但是，要懂得掌握方法，想办法触动人心，让人们觉得在这个领域中，你是独一无二的。最简单的方法，就是掌握两个准则：一个是有创意，另一个是要符合常理。

小王最近一直在找销售方面的资料。他把这消息告诉自己的朋友，朋友也在找相当的机会，他们就一起分析，同时小王又去找相关的同事询问，结果掌握了很多的相关资料，与此同时小王也增进了与同事、领导之间的感情。更进一步的了解了目前公司的现状、市场行情，同时增进了小王各方面的知识。

在今天下楼时，小王碰到另外一个部门的经理一起下楼，小王就在下楼的一瞬间，跟上那个领导问他到哪里吃饭，抓住这个机会询问他们部门的情况以及市场行情，结果了解到他们部门缺少研发人员。小王就说到自己现在比较清闲，并表示想帮忙，结果那位就说要把小王调过去。这样小王又获得一个机会。生活中的机会是很多的，一定要用心的去把握。

把握机会推销自己，就能获得更多的机会。选择重于努力，要想把握对的方向，一定要多与别人交流，就会获得更多的信息供自己分析，别人才能更了解你，也才有可能给你提供更多的机会。这样你才能更好的把握自己的人生，人生的道路才更开阔。

如果你想要有效地营销自己，就必须增加自己曝光的频率，让别人可以有机会认识你。20几岁的你可以多参加EMBA、各种兴趣协会等团体，即使像公司内部的工会、旅游团、健身俱乐部等团体，也都是把自己推销给别人的途径，是一个可以建立自己形象的机会。尤其，现在通过网络交友、网络读书会、网络论坛、MSN互动、BBS的交流，甚至于通过建置博客（Blog），都能随时在网络上抒发自己的想法，让自己的人脉网络快速扩充，因此只要多用点心，想推销自己并不难。

不仅要会做事，还要会“作秀”

20几岁的年轻人，要想在职场中生存，就不仅仅要学会做事，更要学会“作秀”，为自己赢得好口碑。

拥有世界上最美羽毛的孔雀,如果不会开屏,人们也永远看不到它的美丽。这件事给我们的启示是:自身拥有傲人的资本,但也需要把自己的资本表现出来,否则自身的优势只能淹没在自我欣赏中。在瞬息万变的职场中,仅有才技不见得就能脱颖而出。即使你是一个成就非凡的人,也不要等待被别人慧眼识中,总是默默的"待字闺中",表现的机会都被一些不如自己的人占去了,岂不是让人郁闷。

在这个越来越注重真才实学的社会中,如果你有才,一定要露,并且要在适当的场合露。看看下面这个小故事,你会发现有人对这个准则运用的驾轻就熟。

杨威陪同总经理到东京洽谈一个300万美元的合作项目。已是深夜两点,在华灯璀璨的高层写字楼里,双方因为合作条件各不相让,谈判几乎陷入僵局。

一阵长时间的沉默后,对方的社长松尾说:"如果总经理您这次先到敝公司而不是先到仙台的九州投资公司,我方就可以多做些让步。但是现在只能说遗憾了,因为这关系到彼此信任关系。"说完松尾还咄咄逼人地看着他。

一向在谈判桌上驾轻就熟的总经理一下子无言以对,意外"卡壳"了。

杨威没向总经理请示便迅速地说:"这次公司的商业日程全部是我安排的,总经理根本没有时间来过问这些小事。我方决定先去仙台的惟一原因是考虑到交通费用问题。我们公司对出国费用都有严格规定,交通费也不例外。一旦超支,核销上就会有麻烦。根据这次出行的地理路线,仙台在东京北边,东京之行后我们还将继续往南去拜访其他的客户。由北往南走的路线是根据地理因素设计的,只有这样才可以将交通费用控制在预算内,绝无商业战略上的主次之分。如果行程也会影响谈判的话,那么让我来道歉吧,总之跟总经理无关。"

松尾先是呆呆地看了"孔雀"先生一会,随即站起来,深深地向总经理低下头说:"错怪了,请原谅。"事后,总经理对杨威说:"若不是你那番即兴发言,也许我们的谈判真的就会失败，你这脑瓜怎会转得那么快，可真是帮了我的大忙。”谈判结束后，杨威被晋升为公司的副总。

问起杨威的“表现”之道，杨威的体会是：有些员工，为了能早日证明自己的价值，往往容易走两个极端：或者急于表现自己，太露锋芒；或者过于谦虚谨慎，缩手缩脚。前者会给人肤浅浮夸的印象，而后者会让人觉得你平庸无能。表现才能要在适当场合适时地点。

高明的“作秀”者往往能赢得人心，让别人为你死心塌地的做事。三国时建立了蜀国的刘备从某种意义上来说就是一个“作秀”的高手。

《三国演义》第十四回有这样一个情节：张飞醉酒失徐州后来见刘备，细说了原由，众人都因此大惊失色，唯恐刘备震怒。而刘备听后却豁然说道：“得何足喜，失何足忧！”表面上看，这是刘备对公事的评论，应该说还是挺大度的。对于张飞失徐州一事没有加以批评，因为他知道事已至此，批评也是没有用的。这也从侧面显示了刘备在做领导方面的艺术，勇于承担责任。然而此时的他，最担心的不是徐州失守，而是自己家人的安危，但他这时又不好意思直接问，关羽看出了刘备的心思，便问张飞：“嫂嫂安在？”张飞说：“皆陷于城中矣。”刘备默然无语，其实不说话便是对张飞的一种责备，后来关羽又埋怨了张飞，于是张飞便“掣剑欲自刎”，刘备便开始了他的“作秀”，如书中所说：“向前抱住，夺剑掷地”，然后说：“兄弟如手足，妻子如衣服。衣服破，尚可缝；手足断，安可续？”听得关羽和张飞感动得涕泪长流。

刘备通过一场“作秀”，彻底赢得了两个副手的尊敬，使关张二人更死心塌地为他卖命。这就是刘备的高明之处，把自己的私家事拿出来做场秀，使下边人觉得自己公而忘私，赢得军心。

所以，有时候我们也要学会“作秀”，但是，“作秀”也要有个度，如果凡事不分场合和地点，一味地自我夸张、展现、炫耀性地“作秀”，不仅会引起大家的强烈反感，而且也可能会因此断送了自己的前程。

总之，“做事”也好，“作秀”也罢，一个人必然要学会顶天立地地“做人”。

因为唯有顶天立地地“做人”，才能问心无愧地“做事”，才能给自己的人生留下绚烂多姿的美好回忆。

尽量让更多的人关注自己

困顿职场的年轻人，你想过没有，为什么与你资历相差不大，工作性质又相同的同事，有的很快被提升、加薪，而有的尽管长年累月忙忙碌碌、辛辛苦苦却总是在原地踏步呢？

前面说的两种年轻人，差别在哪里呢？前者在工作中能积极、主动，有责任感和紧迫感。能够抓住一切有利机会展示自己的才华，为企业创利创收。他们很善于、敢于向领导提出自己的建议与想法，能把自己的前途、事业与企业的兴衰连在一起。他的所作所为为老板的事业、前途和经济发展提供了可靠的保证。而后者只是对分配的工作持以完成的态度，缺乏主动性和创新精神，久而久之自然会被老板视为“隐形人”。

人活在这世上有时就是为了在别人眼中展示自我，实现自我价值。而在职场中，实现自我价值有时则要靠吸引更多人的注意来实现。如果你想成为老板心目中的“重磅人才”，并为自己的才华找个展示的舞台，为自己事业的发展开辟一片新绿洲，不妨按照以下9条建议试试看。

1.有强烈的时间感与责任感

从心底把自己的前途、事业与企业的命运连在一起，给自己一种奋发向上的内动力，从而使自己保持一种良好的精神面貌和心理状态。从语言到行动给人一种成熟、真诚、自信的感觉。

2.努力成为公司不可缺少的人才

公司的老板，宠爱的大都是那些自身能力强，并能给公司创造较高利润和价值的员工。老板给员工提职、加薪的标准不仅仅是看你的应做的工作做得好不好，更重要的是要看你对他未来的前途、事业与经济的发展有何帮助。所以作为员工必须拼搏、练就紧跟时代节拍的专业特长，成为公司不可缺少的重磅人才。也为自己事业的发展、提职、加薪拓宽道路。

3.善于学习、虚心请教、强加自己的业务能力

首先，你要虚心向同行业的同事、专家学习，较快地获取本行业先进企业成功的经验和失败的教训，加快自己变为内行的步伐。其次，你可以多方搜集与公司利益有关的信息、资料与技术进行整合、吸纳，获得增强企业竞争力的重要信息，为老板提供生产、销售的前沿资料，成为老板的好帮手。

4.忠实地执行老板的意图

老板之所以成为老板，是因为他在本行业内有丰富的经验和特殊的才智。作为下属，要做的是尽力将老板的意图变为现实。尤其是，接到临时任务，必须立刻动手，迅速、准确及时完成。

5.勇于承担责任

凡事不可能都按照自己的计划或意图来，所以每件大事都必须从最好处着手，从最坏处考虑。对于特殊的事情提前考虑好一旦失误的应急措施，做到惊而不失或惊而少失。工作中一旦出现差错，无论是领导指挥失误还是自己操作出错都要勇敢地承担自己应该承担的责任，以维护老板的权威和颜面。同时也会为自己事业的成功增设一条新的途径。

6.不要将矛盾上交

向老板汇报工作切记“不讲困难或少讲困难”，因为老板每天都要面对内外复杂多变的环境，要比员工遭遇更多的难题，承受更大的压力。将矛盾上交，会使老板的情绪变坏，甚至给老板留下“工作能力差”的负面印象。所以遇到棘手的事，必须发挥自己的聪明才智，群策群力做好工作，扫清障碍，为老板排忧解难，用实际行动证明你比别人强。

7.向领导汇报工作要讲方法

向领导汇报工作最好先讲结论，如有时间再简明扼要地讲述事情发展的过程。因为领导分管的工作很多且时间有限。有成绩时，要先感激别人，不要急于邀功请赏。记住，会议是展现自己才华的最好场所，很有可能你的才华会被会议上的“贵人”所重视，得以提升、加薪，进而加快你成功的步伐。所以每次参加会议都要根据会议的内容做好充分的准备工作。

8.对自己的工作要有计划性和应变性

对自己的工作按照年度、季度计划指制定好月计划、周计划和日计划，根据企业发展的轻重缓急和难易程度随时应变，不要胡子眉毛一把抓。每件事情都要尽力做到高标准、严要求，低投入、高产出。为老板做好部门当家人。

9.学会与同事相处，得到他们对自己工作的支持

对同事的成功要学会欣赏、赞扬，更要努力学习，多与同事友好相处，有时间多关心关心他们，得到他们对自己工作的大力协助。水可载舟也可覆舟。

善于让自己进入领导的视野

20几岁的年轻人如何能不费吹灰之力，让自己进入领导的视野，受到老板的器重，让自己成为办公室的黄金人物？其实并不难，这只是一些脑力游戏，而不是简简单单没日没夜的加班。

职场都是有潜规则的，既然你想提高自己，就要遵守这个潜规则，针对领导，首先要学会的就是尊重，不要时刻以自己为中心，看不起那个领导看不起这个领导，否则你永远都成不了领导，领导之所以是领导，就是因为其有过人之处，要抱尊敬着对方的心态来对待他，这样你才有可能获得领导的信任。针对自己所处的职位，要干好自己的份内工作，不要抱怨什么，哪怕有抱怨也要回家后抱怨，多干点儿不要紧，领导是花钱雇大家来干活的，谁干的如何，他自己比谁都清楚，如果他连这点儿都看不到，他就当不上领导了，所以领导的眼都是慧眼。

20几岁刚踏入职场的年轻人要想让自己进入领导的视野，就接近领导身边的人，从而接近领导的一些空闲时的业余生活就无疑是一种不错的方法，例如老总喜欢打乒乓球，那么没事就多和他打上两把，领导的社会交往层次要高于我们，我们跟随着他，是提高自己的交往层次的一个机会，层次变了，人的综合意识就会改变。而在工作的时候，一定要学会让自己没有脾气，变得很职业，除了服从就是服从，自己总是开心的，乐观的，微笑的，这个样子做不但不会累，反而会很开心。做这些不是谄媚，而是让我们更好的活在这个社会里，这是一种生存技巧。

1.谈话技巧

身体语言与说话声调是给人好印象的第一要素。一位语言学家曾说过：如果老板说话的语气非常柔和，你就得避免粗声大气地和他说话。学会用对方的音频和语言状态沟通，能帮助你与之达成和谐的境界。而且，老板总会受被他认为容易相处的人所说的话影响，而不是那些态度冲动、语气恶劣的人。

你可以试试几个小招数：适当模仿老板的语气和声调，保持相同次数的目光接触，注意对方使用手势的方法与节奏。不过尽量避免让人觉得你在操纵一切，被影响与被操纵是截然不同的。

2.穿着讲究

谈到穿着，千万不要机械地抄袭。一位形象设计顾问建议说，要穿着和老板风格相似而不是雷同的衣服，重要的是，永远别穿得比老板还出风头。聪明地模仿上司的穿着，会让他在不知不觉中与你感觉亲密。此外，女性化个清爽、大方的淡妆，也能为自己加分。

如果你的上司十分注意保养他的鞋，那么你要小心，别让自己的鞋上沾有污痕，鞋跟磨损了，应立刻去修补。相信同样爱惜鞋的老板会注意到你的细节的。

3.会议手段

有一位心理学家说过："当你与老板一起出席会议时，座位的选择是非常重要的。一般情况下，请记住坐在他的左边。因为对他而言，右边是具有控制性及竞争性的，所以你应该坐在左边，表示服从他的意愿。"

同步性也是会议中重要的一环。当老板身体向前倾时，或当他把手放在桌上时，请你一一照做，暗示你与他的一致。

另外，抛开顾虑、冒着顶撞上司的危险在会议上发表意见，可能会带给你意想不到的好处。比如说，老板误会了某件事，你适时地打断并委婉指出，而不是让他继续误会下去，这能让他觉得，带你参加会议是明智的选择。

当同事正在发言，却苦于无法明白地表达自己的想法时，你应该站出来，帮他阐明意见。你可以说："我很抱歉没弄清楚你的意思，你是不是说……"这证明，你有爱护同僚之心，并能与人和睦相处。

4.社交之星

了解上司的性格是你发展社交关系的一大助力。如果你刚接受新工作，多向同事了解老板的习惯和要求，搞清楚他是幽默风趣型，还是与下属保持距离型。同时，尽量不要拒绝别人的社交邀请，以免给人造成孤僻、不和群的印象。

你必须注意，当上司在场时，喝醉酒可不太恰当，千万别做出让自己后悔的举动或决定。

5.电子邮件

曾有心理学家分析指出，内向型的人比外向型的人更常使用电子邮件。所以，如果你的上司是较为内向的人，相对于面谈或听电话来说，他可能更喜欢读 email，并以此方法与属下沟通。如果你想给看惯了普通黑白邮件的老板来点儿惊喜的话，那就多花些时间学习制作新意盎然的彩色动画 email 吧。当然，别在上班时间做私人联络，以免招致他人的口舌。

最后，提示你一个简单受用的道理：当你要与上司谈一件重要的事时，别用 email，而要通过面谈来表示你的诚意和决心。一起吃午餐是个很好的方式，既不会受到其他同事的干扰，又能和老板做最直接有效的沟通。

主动做别人不愿意做的“苦差事”

日常工作中，20几岁的年轻人如果懂得主动去做一些别人不愿意做的“苦差事”，不但能赢得同事的尊敬，而且能赢得老板的认同和赏识。主动去做“苦差事”无疑也能帮你树立良好的个人口碑。

在日常工作中，有些事是每个人都不想做的“讨厌的工作”，大家对这样的“苦差事”都是唯恐避之不及的态度。但是工作总要有人来做，于是，众人只好在心里暗自祈祷千万别降到自己的头上。在这种情况下，如果你主动去做这些没有人愿意做的工作会如何呢？这不但能赢得同事的另眼相待，更能够得到老板的认同和赏识。有时候甚至还会让老板对你心存感激：“多亏了你暗中帮忙！”

这是你展露才能、勇气和责任心的大好机会。有时候，即使你有这一份心，也未必有这样的差事让你做。所以，碰到这样自我表现的机会，决不要有一丝一毫的勉强，绝对要心存感激才对。当然，这样做需要有相应的心理准备。因为这一类的工作，大都是非常辛苦而且吃力不讨好的，即使你付出了全部的努力，也不一定能达到效果。即便如此，你还是应该勇气百倍地默默耕耘。

事实上，这一类工作往往比那些表面看起来华丽动人的工作，更能激发人的斗志及潜藏的乐趣。能够从这样的工作中找到乐趣的人，大多是能够得到老板赏识的人。即使心中不满表面上也从不抱怨，仍然默默地做事，而且他们并不在乎别人怎么看、怎么说，甚至对什么时候才能得到他人的认同，也不多说。因为他们坚信只要付出肯定会有回报，而且付出与回报是成正比的。如果你唯恐自己吃亏而跟着大家一起推托，那就等于是自已把机会往外推。

当然，人生谁也难免会碰到徒劳无功的情形，然而，惟有经历过辛苦的人，才知道心存感激，也因而了解谦虚的必要性。我们每个人都有饿肚子的体会，越是饥肠辘辘的时候，愈能够体会出食物的重要性。这就像是惟有经历过病痛的人，才能够深刻地体会出健康的重要性。同样的道理，惟有经历过逆境的人，才知道苦尽甘来的乐趣。

古人讲："塞翁失马，焉知非福。"人生路途是很漫长的，从眼前的分析来看或许所有的努力都是徒劳无功的，甚至是"瞎忙活"，但日后说不定就会有意外的收获。相反的，眼前看起来很光艳耀眼的事，或许很快就退色而变成了食之无味、弃之可惜的"鸡肋"。

所以说，如果你认为去做别人不愿做的事就会吃亏，因而与其他人一样地排斥这个工作，那你就和其他人一样，永远也不可能脱颖而出。如果你能够主动接受别人所不愿意接受的工作，并能够从中体会到无穷的乐趣，你就能够克服艰苦，达到他人所无法达到的境界，获得他人所永远得不到的丰厚回报——老板的器重。

热情地公开拥抱你的竞争对手

爱你的对手是丰富人脉关系中必修的一课，也是最难的一课。20几岁的年轻人只要跟你的对手握手，就能壮大自己的力量，就能树立自己宽宏大量的好口碑。

我们在生活中难免会遇到些磕磕碰碰，难免会碰到让自己不愉快的人。虽然可以发泄一番，但往往会因此得罪人，无意间为自己树敌。当你树立了一个对手的时候，你所得到的将不只是十个对手，你在精神上所受到的威胁将十倍百倍于他实际上给你的威胁。当你用高尚的人格感动了一个对手使他成为你的朋友的时候，你所得到的也将不只是十个朋友，你在精神上所感受的欢乐和轻松也将十倍百倍于他实际上所给你的。

排斥对手对事情没有一点帮助，弄得不好还会两败俱伤。相反如果抱着欣赏对手的心态，则可能赢得人心。人与人之间肯用真心交流，就会增进了解，消除隔阂。

首先来看看一个人"报仇"所需要的投资：

1.精神投资。每天计划"报仇"这种事情，需要花费无数精力，想到切齿处，情绪心神的剧烈波动，很有可能影响到身体。

2.财力投资。有人为了"报仇"而投入了一辈子的事业，大有"玉石俱焚"的味道，就算不放下一辈子的事业，也得花费不少的财力做报仇的部署。

3.时间投资。有些"仇"不是说报就能报的，三年、五年、八年、十年，甚至二十年、四十年都可能报不成，就算报了，自己也已经鬓发斑白了。

一个成熟的、有智慧的人懂得掂量轻重，什么事情对他有意义、有价值，"报仇"这件事尽管可消"心头之恨"，但"心头之恨"消了，却极有可能迷失自己，所以"君子"有仇可以不报。

在日常生活中，许多人都犯了错误，总是诅咒我们的对手，或者因为自己遇到了对手而失魂落魄。这恰恰错了，你应该为自己有一个对手甚至是强大的对手而庆幸，为自己遇到的艰难境况而庆幸，因为这正是你脱颖而出的机会。

爱你的对手，是件很难做到的事情，因为绝大部分人看到对手都会咬牙切齿，都会有灭之而后快的冲动。即使环境不允许或没有能力消灭掉对方，至少也要保持一种冷漠的态度，甚至会说一些让对方不舒服的嘲讽话，可见要做到爱对手谈何容易。

正因为难，所以人的成就才有高低之分、大小之别。也就是说，能当众拥抱对手的人，他的成就往往比不能爱对手的人要"非凡"一些。此外，你高尚的行为也将使对方没有立场对你再进行任何进攻，他若不理睬你的拥抱而仍旧攻击你，那么此人必定会遭到众人谴责。

20几岁的年轻人要学会爱你的“对手”，这个行为一旦做出来，久而久之必会成为习惯，让你和别人相处时能够大度一些，容天下人，天下物，出入无碍，进退自如，而这恰恰是成就大事业的重要本钱。

以良好的名声赢得“群众基础”

20几岁的年轻人在职场中要有一个好的名声，良好的名声会让你获得更多人的尊重和信任，树立更好的口碑。

一个人的好名声，主要来自他做人的品格。品格就是力量，就是影响力。品格可以赢得人心，使人广交朋友，创造财富。优秀的品格是无价的财富，超过了宝石、金钱和显赫的地位，而塑造这种品格的工作本身就是人们的事业。

我16岁的时候，住在南卡罗来纳州马里恩县，那个夏天，我们家的农场要修建栅栏，父亲就派我去买材料。那时候，乘坐我们家的小货车进城是我特别喜欢的事，但是这次我的情绪却提不起来，因为父亲说我们现在手上没钱，我要去商店赊账。

我们家向来诚实。我们的账总是按期还清。现在收割时节还没开始，手里非常缺钱。店主会相信我们吗？

我到了戴维斯·布拉泽斯百货商店。收款台后面站着巴克·戴维斯，他正在和一个中年农场主说着话。我扛着挑选好的货物来到收款台前面，我很小心地说：”这些货物我想赊账。”

那个农场主做了个鬼脸，他不信任地打量着我。但是巴克表情平静，“没问题，”他很亲切地说，“你父亲向来讲信用。”接着他转身对农场主说：”这是詹姆斯·威廉斯的儿子。”

农场主听了，非常友善地朝我点头致意。我顿时变得非常自豪。詹姆斯·威廉斯的儿子，这几个字使我得到大人的尊重和信任。

从这件事里，我明白了好名声对建立信誉的巨大价值。我父母获得了好名声，我们全家因此受到街坊的尊重。谁都知道威廉斯的人品：一个正派的人，重承诺，自尊心强，不允许自己行为不端。

我们八个兄弟和两个妹妹，这十个孩子生来就受益于父母的美名，除非我们做错了事，损害他。毁坏这个美名既有损自己，也损害我们关爱的人，爱我们的人。所以，对我们来说都关系到切身利益。

我们感到继承美名的责任，这成为我们努力向上，做正直的人的动力。我们希望周围的人都认为我们是好人，而且，经过长久的努力，我们的确成了很正直的公民。

我正是在保持美名，赢得尊重的愿望激励下，成了家族中的第一个大学生。后来，又是因为这个愿望，我成功地在华盛顿特区开了一家公关公司。

现在我回到故乡的时候，人们都对我很尊重，因为我们兄弟姐妹把父亲的美名当成传家宝小心地保持到现在。很多邻人都知道我取得的成功。但是，是父亲的美名为这成功打下了基础。

好名声不仅能给人带来实际利益，而且如一位成功人士所说，好名声是一个人最有效的推荐信，人生道路的通行证。为了给人留下好的印象，人每天都要修饰自己的面容；想要获得好的名声，需要持之以恒地实践诚实、勤勉、克制。上文中詹姆斯·威廉斯的儿子非常维护自己父亲遗留下的名声，最终也使自己受益匪浅。好名声能成就人生的荣誉，而坏名声则往往使人遗臭万年。

第四章

20 几岁该挣的不只是薪水，是良好人缘

良好的人际关系能让一个人在工作和生活中赢得更多人的尊重和信任，使职场人士在职场生活中更容易如鱼得水，左右逢源。相较于薪水，拥有好人缘更应该成为 20 几岁的年轻人在职场生活中所追求的。20 几岁正是培育人缘的黄金时期，刚踏入职场的年轻人一定不要错过这一培育人缘的最佳时期，要紧紧抓住这一时期，运用网罗人心、善于沟通、适时变通、推销自己、化敌为友的方法，培育良好的人缘关系。

不要错过培育人缘的黄金时期

在职场上营造良好的人际关系，获得好人缘，是20几岁的年轻人取得成功的必修课。而20几岁正是培育人缘的黄金时期，刚踏入职场的年轻人千万不要错过这一培育人缘的黄金时期。

在现代社会，一个人要获得成功，除了具备良好的自身条件外，关键是机遇和信息，而这两者都依赖于良好的人缘。人缘是机遇的催化剂，人缘是情报的收集站。在职场上，多结一份好人缘，在关键时刻，就会多一个人为你挺身而出，为你赴汤蹈火，为你赢得机遇；多结一份好人缘，就能多掌握一份有价值的信息，也就为你的成功搭建了更宽广的平台。20几岁正是培育人缘的黄金时期，刚踏入职场的20几岁的年轻人千万不要错过这一培育人缘的最佳时期。20几岁的年轻人要想在职场上营造良好的人际关系，并没有想象的那么难。

首先，20几岁刚踏入职场的年轻人要遵守现代职场处世观念和交际守则，加强自身的修炼，使自己具有受人欢迎的优点，如：势不可挡的人格魅力、得体的外在形象、真诚谦虚的品质、幽默开朗的性格、良好的沟通能力等。

其次，20几岁刚踏入职场的年轻人要从深入了解职场的人际环境、洞察职场气候入手，针对上司、同事、下属、客户采取不同的相处之道，有的放矢，从容应对不同的场合和对象，形成良好的为人风格，培养高超的处世技巧。

最后，很重要的是，20几岁的年轻人要想营造良好的人缘，就要对于职场上的一些敏感、棘手的问题，更要多加用心，巧妙应对。比如，对于职场中的异性间相处，职场中隐性的潜规则等，我们并不是不能越雷池半步，而是要掌握应对策略，在“雷池”中穿行自如。

20几岁的年轻人要想培育良好的人缘，就要杜绝一些人缘不好者的坏毛病。首先人缘不好者往往有一个毛病，那就是自以为是，瞧不起别人；看人总是斜眼睛；回答问话时往往显出不耐烦的神情；即使在求教于别人时，也爱摆出一副似乎胸有成竹的架势，好像在考人家。这些表现，虽然并非完全是有意识的，却必然会引起同事的反感。20几岁的年轻人要杜绝这些坏毛病，保持谦虚谨慎的作风，尊重别人。

其次心胸狭窄，妒忌心重，是人缘不好的重要因素。能力比他强的，他不服气；受领导器重的，他不顺眼；别人相互关系密切，他则悻悻然，甚至连谁讲了一句精妙的俏皮话，他也会若有所失。这些都使他与别人在无形中构筑了一道厚厚的、无形的墙。20几岁的年轻人要想培育良好的人缘，就要心胸开阔，面对别人的成功，要由衷地从心眼里服气，并向成功者学习，而不是妒忌。因为心胸狭窄和妒忌心是一对孪生子，都是不良的心理品质特征。其产生的原因，与主体的自我认识和社会认识失调有关。他们既缺乏自知之明，又容不得他人。因为心理总得不到平衡，所以势必在语言行为中表现出来。

另外，疑心病太重，也是人缘不好者的一大弱点。如有的人看到几个人在窃窃私语，便怀疑在议论他；甚至别人无意中瞟了他一眼，他就受不了。凡此种种，使自己终日处于惶惶然之中，使别人对他避之唯恐不及。产生疑心病的原因，主要是心理成熟度低，缺乏安全感，把注意力都集中在对外界的防卫上面。他们在人际关系中没有信任，当然也不可能与别人沟通感情，就连正常的信息沟通也受到了严重阻碍。人缘不好者不妨对照一下，自己是否也有类似情况。基于这一点，20几岁的年轻人学一点社会心理学，对处理好人际关系是十分必要的，良好的人际关系，会带来愉快的情绪，有益于工作、生活。

莫让狭隘的交际观念成为你的绊脚石

人是一种群体性的动物，所以不要把自己封闭起来，要学会多和周围人交流，让自己融入集体，融入大家，融入生活，这样你才过的有信心。20几岁的年轻人要学会积攒人脉，人脉是你的另一张银行卡，是你的另一笔财富。

人脉即人际关系、人际网络，体现人的人缘、社会关系。根据辞典里的说法，人脉的解释为"经由人际关系而形成的人际脉络"，经常用于政治或商业的领域，但其实不论做什么行业，人人都会使用人脉。

人脉只是说明你认识对方，对方也认识你，只算是认识，人脉永远比关系低级，关系才是人脉的升华。

斯坦福研究中心曾经发表过一份调查报告，结论指出：一个人赚的钱，12.5%来自知识，87.5%来自关系。这个数据是否令你震惊？

在好莱坞流行一句话："一个人能否成功，不在于你知道什么(What you know)，而是在于你认识谁(Whom you know)。"卡耐基训练区负责人黑幼龙指出，这句话并不是叫人不要培养专业知识，而是强调："人脉是一个人通往财富、成功的入门票。"

因此，也出现了一些善于使用人脉、经营人脉的群体(Man Keep)。Man Keep译为"人脉经营"，我们称之为"脉客"。在台湾证券投资界，杨耀宇就是个将人脉竞争力发挥到极致的脉客。他曾是统一投资顾问的副总，一年前退出职场，为朋友担任财务顾问，并担任五家电子公司的董事。根据推算，他的身价应该有近亿元(台币)之高。为什么凭他一名从台湾南部北上打拼的乡下小孩，能够快速积累财富？"有时候，一通电话抵得上十份研究报告。"杨耀宇说，"我的人脉网络遍及各个领域，上千、上万条，数也数不清。"

人是群体性动物，比如，你有你的科室，你有自己的家庭，你必须生活在这样一个环境中，而且要和他们打交道。

甚至，当你孤立的时候，你就会想你有什么地方不对了，因为孤立对于一个人来说，是一件非常不好的事情，因为你若不属于像老虎一样特别有霸气那一类人，那你就会受到各种各样的危险，因为没有群体的人帮助你。所以人们总是属于这样那样的圈子，利益的一个共同体。

人无论在什么时候，在群体中，总会有这样那样的合作，而这种合作往往比一个人要容易成功。

人是群体性的动物，人不喜欢孤独，做事总是喜欢和大家一起做，而事情也总是需要集体才能完成，大多数时候工作、任务都不太可能光凭个人的力量完成，面对困境的时候，心烦的时候，也希望有人可以分享心中那无法言喻的情感，尽管最后这种想法都是因为找不到这样的人而宣告终止。

网罗人心，打造黄金人脉网

打造黄金人脉网是职场生活中一件很重要的事，20 几岁刚踏入职场的年轻人在职场生活中如果能够学会网罗人心，打造属于自己的黄金人脉网，事半功倍将不再是难题，这将更有利于你笑傲职场。

曾任美国总统的西奥多·罗斯福曾说："成功的第一要素是懂得如何搞好人际关系。"有人统计：一个人事业的成功，80%归因于与别人相处，20%才是来自于自己的心灵。你的人脉如何，你的事业就如何。你的人脉在哪个圈子，你的事业就在哪个圈子。专业知识在一个人的成功中的作用只占 15%，而其余的 85%则取决于人际关系。人脉资源越丰富，赚钱的门路也就越多；你的人脉档次越高，你的钱就来得越快、越多。这已经是有目共睹的不争事实。

那么，怎样才能找到黄金人脉呢？网罗人心无疑是一种很有效的方法，只有让别人打从心眼里欣赏信服你，你和他人之间才能建立更为稳固的人脉关系。下面重点说说网罗人心的几招，20几岁的年轻人可以在平时的职场生活中加以借鉴。

第一招：重视

每一个人都渴望受到他人的注意。世界上那么多人渴望成为名人，除了因为成为名人可能会带来财富外，另一个重要的动机就是可以引起他人的注意。所以，如果20几岁的年轻人要改善自己的人际关系，首先要建立的一个重要观念就是：把你遇到的每一个人都当成世界上最重要的人。这一种态度会让你与人交往时神情专注、应对得体，从而赢得人们的认可。

那么究竟怎么才能注意他人，才能让别人感受到你的重视呢？

1.主动同别人打招呼

打招呼背后的含义是“我眼中有你”。越是高层的人越是喜欢同下面的人打招呼，这一点在生活中是很明显的，中不溜的人才不屑于同别人打招呼。特别是你对门卫、清洁工、下级员工打招呼时，他们受宠若惊的表现会让你在生活中受益匪浅，如果在一个月内坚持这么做，你的人气就会急升，就会发现每个人都会喜欢你。

2.礼貌

对人礼貌背后的含义是“你值得我的尊重”。我们有时会对陌生人礼貌，但往往忘记对自己的好友、爱人、家人礼貌。也许是我们觉得大家太熟了，不需要了，而事实上，适当的礼貌，会让自己与身边的人相处得更好。比如当你要进入自己妹妹的房间时，是不是应该先敲一下房门呢？

一个人的礼貌礼仪常常是给人最初也是最直观的印象。良好的教养本身就是财富。举止优雅的人离开了金钱也能够成功，秘密就在于他们拥有世界各地最受欢迎的“通行证”——礼。所有的大门都向他们敞开，所有的人都欢迎他们，为什么呢？就因为他们带去了温暖和尊重。

前苏联宇航员加加林乘坐东方1号宇宙飞船进入太空遨游了108分钟，成为世界上第一位进入太空的宇航员。加加林在20多名宇航员中，之所以能脱颖而出，起决定作用的是一个偶然事件。

原来，在确定人选前的一个星期，主设计师罗廖夫发现，在进入飞船前，只有加加林一人脱下鞋子，只穿袜子进入座舱。就是这个细节使加加林一下子赢得了罗廖夫的好感，他感到这个27岁的青年如此懂得规矩，又如此珍爱他为之倾注心血的飞船，于是决定让加加林执行这次飞行任务。

一个人的礼貌礼仪常常影响着他人对其的评价，在人们的印象中，一个有礼貌、有教养的人总是有着相应的良好品质和人格，这对个人成功、人脉积累都有所帮助。

3.适度指出别人的变化

指出别人的变化背后的含义是“你在我心目中很重要，我很在乎你的变化”，如同事穿了一件新衣服，那就夸奖他吧，合身的就夸漂亮，不合身就夸有特色（朝气之流的），单位的同事、生意的伙伴都是要夸的对象。所以说，生活中长时间不见面，无论说你胖了瘦了都是很舒心的。

4.记住对方特别的日子，或是特别的事情、问过的话，在关键的时候提出来，给对方一个惊奇。

这就需要你平时的积累，好的方法，是用一个商务通（电话本），在对方联系办法的旁边记上他的生日、老婆的名字、儿子的名字、得意的事情。

如果你发现别人说过一些很经典的、或给你有启发的话，把它记下来，在某一天，有意无意地说出来，别人一定会很吃惊而且很开心。

5.了解别人的兴趣与爱好，投其所好.

如果对方喜欢音乐，就谈CD、谈三大高音，对方喜欢钓鱼就说钓鱼，这个简单方法的生活例子就是，我们钓鱼时诱饵不放我们认为好吃的东西，而是放鱼儿认为好吃的东西一个道理。

第二招：微笑

对他人微笑背后的含义就是“我很高兴见到你”。这对于他人来说，是一个很大的肯定。

有的朋友可能会说，那我心情不好啊，难道也要微笑？当然，我们并没有这样的要求。只是，我很乐意告诉你一个秘密：许多人认为我们是先有心情，然后才有行动的。比如小王说我今天开心，所以工作起来特别顺。而事实上，反过来说也是行得通的，就是我们可以先有好的行为，然后造成好的心情。所以，现在你可以走到镜子面前，先翘起你的嘴角，笑一下。看看，自己是否开心了一些了？快乐是一个习惯，你也可以养成的。

第三招：接受

这一招是备受人类冷落的一招。我们每一个人都有自己的观念、喜好、想法。可是，我们总是喜欢把自己的想法、喜好强加到别人的头上。母亲会说：“宝宝乖乖听话，妈妈才爱你。”这句话的潜台词是，“如果你不照我说的办，我就不爱你了”。我们用利益、友情、亲情、爱情等等东西来要挟别人变成自己希望的样子。这就是人类的权力欲在登台表演了，但这些会让别人感到不安以及抗拒。而相反，我们可以接受他人的本来面目。

人们都渴望可以以自己的本来面目来生活，我们喜欢和那些让我们在交往中感到轻松自如、随便自然的人相处。我们不喜欢别人总是对我们指手划脚的，我们喜欢活得自在一些。

第四招：赞美

1.进行具体化的赞美

不要进行空泛的赞美，不要只说“今天你好漂亮”。而要具体地赞美某一个方面，比如“今天你这个新的头型很有知性美耶”，这样就具体一些了。

空泛化的赞美，虚幻、生硬，使人怀疑动机，而具体化的赞美，则显示真诚，一千遍的你真漂亮，不如说她像张曼玉，你说她眼睛漂亮，也比说她人漂亮要有效得多。

2.间接夸人

中国人比较含蓄，当被别人直接赞美时，心里总是怪怪的，不大好意思。如果是间接的赞美，就舒服多了。你可以传达第三者的赞赏，这样不但能避免尴尬，而且会得到这双方的好感，一个典型的例子就是："王总，这次去山东，他们刘主任对你的评价特别高。"

3.诚心赞美

见到、听到别人得意的事，一定要立即停下所有的事情，真诚地去赞美，不要吝啬你的赞美。我要强调一下，是真诚的、及时的赞美。如果一个人给你看了他小孩的相片，如果你觉得小孩很可爱，那么一定要夸小孩，你无声的放回去，别人会很不高兴的。

4.欲扬先抑

这种用法一般是这样的："你这人虽然有点儿随便，但兄弟我就是觉得你这人好相处，又没有架子。"

5.似贬实褒

这一招就是用听起来好像是批评的赞美去夸奖别人。

姜文批评冯小刚时说，冯小刚有两个缺点，一是心不够狠，二是人太自恋，就是一个似否定实肯定的例子，从不接受批评的冯小刚说，他最喜欢姜的批评，很诚肯。

6.逐渐增强的评价

如果你想要得到一个人的心，那么就逐渐增加你的赞美吧，如果你要伤害一个人，那么就逐渐降低对他的评价，情人变老婆的失落，就是因为我们相互降低了对对方的评价。

善于沟通，打好"人脉"这张王牌

沟通在人脉关系的建立中，发挥了巨大的作用，是最重要的武器。20几岁的年轻人要打好“人脉”这张王牌，就必须要学会运用沟通的武器。

沟通是获得好人脉的关键，但是，沟通必须讲究场合。不注意这点，说一些不适宜场合情境的话，往往适得其反。场合是指双方进行沟通时的地点与氛围。场合有庄重与随便、自己人与外人、正式与非正式、欢快与悲痛、公开与私下之分。场合是决定双方沟通效果的重要环境因素。同样的话在不同的场合说，所产生的实际效果是不一样的。善于沟通与交际的人，说话往往很注意场合，使自己的话语符合当时的情况和氛围。善于交际的人懂得，在追悼会上说任何喜乐的话、玩笑的话，都会引起当事人的不满。在情绪失控的场合下，任何安慰都难以使当事人接受。等他冷静下来、恢复了理智再同他交谈，则会收到事半功倍的效果。20几岁的年轻人在沟通中要学会审时度势，因势利导，在不同的场合使用不同的说话方式，这对提高年轻人的沟通能力，营造好人脉是大有好处的。

要建立良好的人际关系就要善于沟通，沟通有时会让你通往财富之路。由于你想要的每一件事物都可能是你本身没有，而必须从别人那儿取得的，有效沟通的能力就是你走向富裕的钥匙。“为了得到你想要的，你必须以一种能激励他人给你所想要的东西的方式，和别人沟通。”人际关系专家如是说。

一个人的生命的品质，等于你和自己、和外在世界沟通的品质。意思就是，你和自己沟通或是说服自己采取特定行动的能力，以及你和他人沟通、说服他们采取特定行动的能力，就是决定你生命品质的关键。地球上薪水最高、最有权势、最有影响力的人，都是出色的沟通者，都是常常公开演说的人。他们是政治人物、企业家、娱乐界人士、超级明星和运动员，是那些愿意冒险把自己放在众目睽睽之下，以激励他人支持自己的方式做沟通的人。

在职场中，出色的沟通者也不乏其人。实际上，善于沟通，善于协调，深谙人际交往之道，有良好的社交智慧正是成功的职场生活的一大特点，也是他们能够取得骄人战绩的一个重要原因。

香港首富李嘉诚先生的另一个儿子李泽钜，也可以称得上是一名职场成功者的代表人物。1990年，他曾主持过大型地产项目万博豪园的建设工作；其间，遇到的困难、麻烦、人际冲突是众多的。但是，正是凭着出色的沟通能力、人际外交智慧，李泽钜踏平了坷坎，取得了成功。

1986年，世界博览会在温哥华举办。落幕之后，各国的临时展厅拆除，旧址为靠海的长形地带，发展前景良好；地皮为省政府的公产，可以较优惠的价格购得。

生活在温哥华的李泽钜，以他土木专业的眼光看好这块地皮，认为可以将其发展为综合性商业住宅区。于是，他积极向父亲建议。这是一个投资巨大，占地辽阔的大项目，整幅地皮，大致相当于港岛的整个湾仔区，外加铜锣湾。迄今为止，香港有哪个地产商，在这么开阔的地段发展如此浩大的综合物业？这在加国建筑史上，也将是开天辟地头一遭。

巨大的投资额（后来确定的投资额达170亿港元）非长实集团所能承担。李嘉诚拉他同业好友李兆基、郑裕彤加盟，与加拿大帝国商业银行旗下的太平协和公司（李嘉诚占10%股权）共同开发。决策为各大股东（李嘉诚个人及集团占50%股权，另50%为各股东分占），具体操作者为李泽钜。

1988年，新财团以32亿港元巨款投得世博会旧址发展权。

如此庞大的项目要想顺利推进，不起波澜是很不容易的。项目没进行多久，冲突就从天而降。1989年3月，平整地盘的施工地段，忽然出现了一张“告同胞书”，措辞强烈，充满排外的极端情绪。这与加国政府为吸引华人资金和人才大开方便之门的国策背道而驰。

"他们似乎完全看不到我也是加拿大公民，他们反应太过激烈。"李泽钜气愤而又无奈。

李泽钜不愧是出色的项目管理人，当冲突产生之后，他冷静思考，积极应对，凭着充分的勇气和出色的沟通能力很快说服了对手，解决了冲突。风波平息，工程继续上马，这就是后来定名"万博豪园"（注：世博会又叫万国博览会）的庞大商业住宅群。

李泽钜的处事能力得到父亲的赏识，李嘉诚同意董事的一致要求，吸收李泽钜任长实集团董事。

李泽钜如果没有出色的沟通能力和人际智慧，万博豪园恐怕就会胎死腹中。据有关调查资料表明，在未来的所有行业中，与人际关系直接相关的行业将占总数的81%；因此今后的商务活动将涉及更广泛、更复杂的人际关系。那么，如何维系及营造有益于成功的良好的人际关系，对职场人士就显得尤为重要。石油大王洛克菲勒曾说："待人处世的本领，是无价之宝，我愿意牺牲太阳底下任何东西去攫取它。"让我们记住他的话吧。

在对大公司进行有效管理的过程中，管理与沟通有着非常重要的关系。一个大公司中犹如一个小政府，常常也有严重的官僚作风，推动起来十分费劲。要想在大公司中干得成功，除了必须具备独到的思想、崭新的创意、高超的管理水平和精湛的业务能力之外，还必须重视交流与沟通。机构越大，越需要沟通的艺术。想在大公司中立足你必须具备"三能"。

第一"能"是善于用笔表达自己。大公司的各分支部门很多，有时甚至分布在不同的国家，因此，你的观点、见解、方法和建议往往需要写成文件、备忘录、信函、传真，包括今天的电子邮件等便于上传下达。这类文件也可以抄送许多有关或暂时无关的管理人员，让他们了解你的思路，这在沟通上起着非常重要的作用。在多数情况下，员工写的市场战略报告或跨国投标项目的前因后果的分析，除发送主管这方面业务的高级副总裁外，还要抄送给公司董事长和总裁等，使大家都意识到你的存在，发现你的水平和能力。

第二“能”就是善于用嘴表达自己。在公司里沟通除了经常要写以外，更多的是要用嘴说。我们每天都花很多时间在电话上，在会见公司不同部门的人或者其他客户上，有时还要打国际长途，以上这一切都需要言简意赅，能够精练地、完整地、准确无误地将自己的意思在口头上表达清楚。在国外，中国留学生能进入大公司做管理的不多，往往就受到了英语不是母语的限制，一个人不能流利地将自己的意思表达清楚，当然也就不会受到重视了。

第三“能”便是驾驭各种会议的能力。在大公司里，管理层——公司总裁、副总裁、各部门经理，甚至包括全国各分公司和国外分公司的经理们经常聚集一堂，举行各种会议，多是市场经营战略会议。在这类场合，如果能在发言中抓住要点，有分析、有见解、有解决问题的建议和方案，通常效果是很佳的。

一个人要获得事业上的成功，善于沟通、善于表达自己的能力非常重要。这可能从事业的第一步找工作时就开始了。以前在计划经济时代，大学毕业生都是国家管分配，根本不需要面试，不需要与当事人沟通。这种局面在今天已不复存在。因此培养自己的沟通（面试也是一种沟通）的能力就显得格外重要。

沟通就是讲话，不完全对。沟通是人与人之间建立联系“讲话”，是联系的主要方式，但不是唯一的方式。

比如，嘴巴是口头语音；文字是书面语言；表情动作是身体语言；音乐图画是艺术语言。这些都是沟通的方式。

沟通的六个步骤：倾听——你的身体告诉对方“我在听您说”；核对——“您的意见是……”；接纳——用眼睛看、用耳朵听、用头脑想；拒绝——用坦诚加礼貌的语音说“不”；表达——用准确具体的语言表达你内心的意思；体态语言——用身体语言比有声语言更具有把握，更能传达你的真实意思。

有效的沟通方式，既要着眼于发送者，又要着眼于接受者。对发送者来说，必须清楚地认识到沟通的目的、所使用符号的意义、传递路线及接受者可能做出的反应。

对接受者来说，则必须学会如何倾听，不但能懂得信息的内容，而且能听出发送者在信息传递中同时表达出来的感情和情绪。

提高感受性。在进行沟通前，要尽量了解并掌握对方的心理和行为的实际情况，以便在沟通过程中对对方的一言一行，甚至话外音都能心领神会，做到“心有灵犀一点通”。

重视双向沟通。双向沟通伴随反馈的过程，使发送者可及时了解到信息在实际中如何被理解、接收；使接受者得以表达接受时的困难，从而得到帮助和解决。

只有当信息对双方都是熟悉的和例行的，或者信息所反映的客观对象十分明朗，且断定信息的准确性是有保证的，或者是必须迅速传递的，这些情况下采用单向沟通。是合适的，否则就应当采取双向沟通。

重视平行渠道。在有必须而且可能的条件下，应重视平行渠道的利用。如口头沟通辅以备忘录，语言沟通辅以表情、手势，又如会议结果有个纪要等，这些都易于加深、加快人们对信息的理解与接受。

正确运用文字语言。使用对方易懂的语言，意思要明确，注意要集中，感情要真挚。组织设计要精干有效，避免机构重叠、层次过多的现象发生，要培养良好的有利于人际沟通的组织气氛，使组织内人际关系和谐。

适时变通，好人缘才可以左右逢源

好人缘并非人人天生就有，它更需要你的后天努力。20几岁的年轻人要懂得适时地变通，在良好的人缘关系中左右逢源。

好人缘在人的一生中具有举足轻重的份量。往往能够决定一生的命运。让你拥有更多的成功机会。成功的第一要素是懂得如何搞好人际关系。好人缘是一种最高境界的处世能力！人际交往的艺术是人步入社会所必须面对的，人缘的好坏也说明了一个人的成熟度。人缘好的人处处受欢迎，办事皆顺利，能让你在一个更大的舞台上演绎你的人生。

人缘，说到底就是个人与众人的关系。当你孤身一人闯入社会这个大舞台时，首先需要获得的便是一个良好的公共关系。好人缘，将是你走向成功的最大资本。但好人缘并非人人天生就有，它更需要你的后天努力。20几岁的年轻人要懂得适时地变通，在良好的人缘关系中左右逢源。

成功学说："没有做不到的事，只有不会变通的人。"正所谓没有变化就没有生机，没有变化就没有发展，没有变化就没有未来。我们要生存、要发展，不能因循守旧，固步自封，一成不变，要寻求变通，机变为用，才能赢得未来。

生活是一条长河，当山穷水尽时，我们随机应变，另辟蹊径，迎来柳暗花明；当失之东隅时，我们权变通达，旁敲侧击，于是得之桑榆；当穷途末路时，我们临机应变，以退为进，于是回头是岸。生活是一个顽皮的孩子，给我们打着一个又一个小结，愚直的人固执持守，不撞南墙不回头，甚至撞了南墙也不回头；而聪明的人善于急转弯，多想一步，巧思一分，世界立刻别有洞天。"流水不腐，户枢不蠹"，"问渠哪得清如许，为有源头活水来"，信息时代，变化无处不在，要保持一种良好的心态，迎接挑战。

《易经》云："穷则变，变则通，通则久。"万物都有新陈代谢，电脑尚能随时更新，我们难道就永远不动声色？生活中处处有变通，世界时时需变通。做人需要变通，做事需要变通，心态需要变通，交际需要变通，职场需要变通，商场需要变通，居危难时需变通，处逆境时需变通。

因循守旧，只能固步自封；灵活应变，才能路路畅通。在外界条件相差无几的时候，大凡能够取得成功的人都是善于变通之人。人们常有一种求稳的心态，被人们常理解为执著和踏实。然而，我们常受自己主观狭隘意识的影响和传统观念的禁锢，看不到自己的事已偏离正轨，于是很容易在人生的道路上钻进死胡同，而终生不能脱身。成功往往就隐藏在"人无你有，人有你变，人变你好"的地方，假如你善于发现和敢于采用别人不曾用过的办法，那么成功的机会也许就会向你走来。成功往往属于少数善于变通之人，只有我们放弃盲目的执著，选择理智的改变，就能化腐朽为神奇。

水随形而方圆，人随势而变通。水无形，故可以随着盛装它的器皿变化；而人要顺势，就要懂得适时变通。我们总喜欢不顾一切地朝着自己既定的目标奋力拼搏，却始终没有花心思去分析形势，所以很可能搏击一世却不能成功。哲学家说："我们不能改变过去，但是可以改变现在；我们不能改变环境，但是我们能够改变我们自己。"聪明人在做事的时候，只要发现此路不通，就立刻变换自己的做事方式，舍弃原来的方案，换成另一种方式，则能至通达。条条大路通罗马，此路不通，另辟新路即可，成功的路径不止一条，不循规蹈矩，多去试一试又何妨，没有必要死钻牛角尖。佛法自然，人法变通。人活一世，生存环境不断变迁，因循守旧，不思变通，不知变通无论如何都是行不通的。其实一些旧思想、旧规矩都是可以打破的，只要我们做事变通而不违反客观规律，灵活而不违反做人的原则，这样才能更好地跟上潮流，适应社会。

年轻人为什么要拥有好人缘？其实就是为了变通借力，顺势成事，这仍然是一种应变的能力。善假于物者机巧，善借他人之力者灵便，是为成大事之法。古语云："好风凭借力，送我上青云。"就是说成功者的成功有时在于借助外力。世界上谁都不可能办妥天下所有的事情，成功者也不单单是让自己吃尽苦头，更需要借助外力，以人成己。在当今复杂的社会中永远立于不败之地，仅靠单打独斗是行不通的。俗话说："就算浑身是铁，又能打几颗钉？"应该学会借别人的手帮自己干活，就等于自己在干活，做到"毕其智为己所用"就一定能够做到心想事成。

如今的时代是一个讲求合作的时代，况且一个人的能力毕竟有限，凡事不可能都凭一己之力获得成功，需要得到别人的协助，成功的人懂得利用别人的聪明才智成就自己的事业。能够发现自己和别人的才能，并能为我所用的人，就等于找到了成功的力量。聪明的人善于从别人身上吸取智慧的营养补充自己。从别人那里借用智慧，比从别人那里获得金钱更为划算。借用别人的智慧来做事，不仅可以把事情做得又快又好，还可以使你避免主观、武断。主观、武断会使失败的几率增大，也往往成为一些自视为强者的最后的悲哀。闻道有先后，术业有专攻，人不可能样样精通，要想成事，就必须善于借用别人的智慧，并把别人的智慧转化成自己的智慧。

做人一定要灵活一点。做人时时处处灵活一点，不仅可以免去祸端，更可以活得悠游自在。不可对牛弹琴，不可以方待圆。做人做事活一点就能够看人相面，和不同类形的人物灵活交往，才能够获得好人缘。很多时候，与人交往的成功与失败，就决定于不同的待人方式。做人做事要灵活洒脱，不能死板。

秦穆公有一次视察旱情，结果坐骑被饥饿的农夫杀掉吃了，秦穆公没有治他们的死罪，反而拿来美酒和他们一起痛饮，农夫们当然感激涕零。后来，秦国和晋国交战，秦穆公的兵车被晋军包围，千钧一发之际，后面突然杀出一群奋不顾身的手执农具的农夫，一会儿功夫便将秦穆公救出险境。战斗结束后，秦穆公要重赏在战斗中立下战功的农夫，农夫们皆跪拜婉言谢绝，原来他们正是一年前在岐山分吃马肉的农夫。

案例中的秦穆公就是个很灵活的人，他没有按既定的原则惩罚那些吃他马肉的人，而是原谅他们，因为他看到了他们的贫苦，看到了他们的灾难，也正是他的宽容，才赢得了农夫们的尊重，进而在千钧一发之际救他于水火之中。世上没有不可交的人，只有不会灵活为人的人。比如你对一个人看不顺眼，或者与他话不投机，如果因此而拒绝和他的交往，只能是让自己多了一个异己，那是再愚蠢不过的了。只有头脑灵活一点，查清交往的内外环境，顺势而为，求同存异，找出交往的契合点，才是高明的举措。

推销自己，在朋友中寻求发展机遇

推销自己是一种才华、一种艺术。当你有了这项才华，你的生活、工作将更加顺利，因为当你学会推销自己，你将被更多的人接受。

在这个"创业改变命运"理念盛行的时代，我们每个人都应该有创业的意识和想法。尽管你现在还在给别的公司打工，但还是要想到，以后开始创业的艰难，刚开始我们肯定需要朋友的帮助，因此，在生活和工作中我们就要有意识地去结交一些朋友，在朋友中寻求发展的机遇。

马云在电子工业学院当英语及国际贸易专业讲师的时候，为了贴补家用，就去外面的夜校做兼职老师。来听课的有很多都是做外贸生意的老板，这些老板都很敬佩马云，都把马云当朋友，这为马云日后的创业积累了广泛的人脉。

1995年，马云创办中国第一家互联网公司中国黄页，那时人们都不懂互联网是什么东西，对马云的互联网理念完全不相信，以为他是骗子。马云为了发展公司业务，首先开始给身边的朋友打电话，要他们做网站。很多朋友对网站这东西也是半信半疑的，但是为了给马云面子，也将就着做了几个，但一开始基本上都是免费给做的，毕竟再好的朋友也不能把钱往水里扔。有一家朋友企业是最给面子的，好歹也象征性地给了6000元。这是中国黄页的第一笔收入。

中国黄页第一个正式的付费客户同样是马云的朋友，那是当时杭州的四星级宾馆望湖宾馆的老板。那个老板本来也不相信网站，但是也同样是给马云面子，签下了马云的单，数额是20000元。

每天我们都在推销——不论我们推销的技术是否在行。如果我们的工作跟别人有所接触的话，推销的意思便是说，我们不断地想办法使别人向我们购买或租赁，把理想的任务交给我们，及相信我们的说法。我们的私人生活中也牵涉到推销——虽然在亲密的关系中没有这种情形存在，但在社交行为中则随时存在。我们多数人都希望顺利地找到工作，希望好看的人找他们说话，希望肉店卖给他的肉不带肥的。生活是一连串的推销。

你也许不希望靠股票而发大财，但谁不喜欢得到加薪？如果你学习推销自己能得到加薪，这也就值得了。一旦学到家了，你就不会再忘记了，你也许在推销过程中会遭遇到一点儿挫折，但跟更大的成功比起来，又算得了什么？

不论推销什么，你第一件要做的，是对一件物品要尽可能地去了解。比如说，如果你要推销手套，你就研究手套是如何以及由什么材料做成的，哪种手套适合哪种场合配戴，每一种样式的手套有什么利弊。

当我们推销自己的时候，我们必须对种种情况有所了解。

我们是什么人？我必须提供的是什么？我们的优点在哪儿？缺点呢？别人对我们有什么反应？我们的目的何在？

这些探测性的问题，必须以我们所认识的最确实的方式来回答，因为它是设立一个推销计划的基础，不论政界或商业界都一样。每一个人都必须找出自己的结论，他的特点、他的风格。跟你亲近的人士，也许不好意思指出你的缺点：奇装异服、不良习惯等，因此当你在考虑推销自己的最佳方案时，不得不诚实地对自己评价一番。

“你要推销自己的第一个对象，是你自己。”心理医生罗西诺夫说，“你愈练习好像对自己愈有信心，就愈能造成一种你很行的气氛。你必须感觉到，你有权呼吸，占据一个空间，并感觉到很自在。”你的态度全部反映在你的举手投足之间。一个感到自在的人，就会坐在整个椅面上，而不会只坐在边缘上。如果他是个高大的人，他就不会缩着脖子。“推销自己中可信程度的重要性，远超过任何你要推出的产品或观念。你必须有办法直直地盯住对方的眼睛，使他深信你是个可靠的人。”

一个人要推销自己，必须先看清楚他是谁，其次是判断对方对他的看法。看起来不利的情形，几乎总是可以转变得无关紧要或成为优点。举例说，让我们看看1960年总统大选的时候，约翰·肯尼迪和理查德·尼克松的电视辩论。在那之前，许多政治分析家都认为肯尼迪处于劣势。他年轻，比较不出名，天主教徒，非常地富有，波士顿口音太重。

但是，在荧光屏上，观众看到的是一个心平气和，说话很快却轻松的人，面孔新鲜而讨人喜欢。在他旁边，尼克松看起来饱经风霜，紧张，不自在。他眼睛周围的黑圈，似乎显示出他不是一个光明正大的人，据说就是由于这次辩论，这种在美国大众之前的推销，而改变了人们的看法，转而喜欢肯尼迪。

在推销我们自己的时候，我们的外表非常重要，而且永远不可忽视。“如果你有一张大大的面孔，五官至少有一项非常醒目，这对你很有好处……詹森总统的大耳朵就是个例子。”柯尔达在他所著的《权力》中说。

许多调查表示，体型高大瘦弱的人，几乎总是变成国际电信电话公司的总裁。这并不是说，如果你是个矮胖的人，就应该被送到一个荒岛上去。比如查理士·布朗逊，葛达梅尔，两个人在事业上都很成功，但他们的面孔都不漂亮。但对你的外表，要确实注意，充分利用你的优点。上高级理发店，减肥十磅，把西装烫一烫——尽一切方法，也要把自己变成一个别人喜欢和你在一起的那种人，因为这样出现在别人面前，他们才会跟你说话，才会看到你。

你的外表可以而且应该随着对方的不同而有所变化。

要做一个耐心的听者，而且要听听自己的声音。你的声音听起来如何呢？在电话上，以及在面对面的场合，你的声音常常会透露你心中的意思和感觉，即使你口是心非，也要注意你说话的韵律：高频率的声音，听起来有一种紧张和担心的感觉，但声音太低沉也会有一种压力沉沉的感觉。

化敌为友，扩展你的人缘范围

化敌为友说起来容易，做起来却很难。但20几岁的年轻人在职场生活中一定要学会化敌为友，扩展自己的人缘范围。

当你在工作中非常需要另一个人的帮助，而这个人曾与你有某种不和的时候，你该做些什么？显然，放弃并不是好办法，虽然这种解决办法我们不费吹灰之力便可做到，但会使你失去一个得力伙伴。你应该做的是如何化敌为友，使之成为你的朋友。以下几个做法可帮你达到这一目的：

1.勇于承认自己的不对之处

不要总害怕承认自己的不对，以为这样别人就会看不起自己。其实，真正有能力的人是勇于承认自己的不对之处的。

即使你的同事表达这种意思的方式没能让你高兴得跳起来，对对方提出的正确的看法，你也应该乐于承认。不，这并不意味着每当有过份好斗的同事向你发起攻击时，你都要举手投降。但是你首先应该考虑的是，对方所说的话中包含的信息，而不是说话的人。而且你应该力求客观地对待你得到的意见，即使这种意见不是用一种特别客观的方式表达的。而且，有个小秘诀要记在心里：承认你错了，常常能够带来让对方闭嘴的好处。这是一种制造惊人沉默的经典方法。

2.对威胁性的问题不要理会

有时，我们会听到别人威胁性的问题："你以为你是谁？""你们那所高级学校难道没教你点儿什么东西吗？""你从来就没听过什么叫应急计划吗？"这些问题以及它们那些数不胜数的变种，根本就不是询问什么信息，它们只是为了使你失去平稳的心态。不要带着感情色彩去回答它们——根本就不要回答它们。索性假装它们压根儿就没从你同事的嘴里蹦出来，你只管回到你的主题：你感受到了什么（而非它是什么）？你计划做什么？以及你希望怎样做？这样，你不给你的同事向你破口大骂的机会，就有可能减少他（她）对这一类威胁性问题的依赖。

3.让对方知道你非常需要他

这一点是很重要的，它能在很大程度上调起对方的积极性。当然，你是否真的需要，那是另外一回事。我们的想法是利用这样的一种接纳，抬高对方的自尊，对方一高兴，就可以避免把谈话激化，尽可能减少或消除将来的敌对怨恨。你可以提到自己工作中的两三个方面，需要你的同事提供意见或指导。如果你要把这些方面进一步加以确定，你的同事大概也不会太反对。

让领导对你“一见倾心”的妙招

不管你是主管也好，普通职员也罢，你都要懂得怎么当下属，怎样让你的上司喜欢你、器重你、提拔你。

除了职位最高的老板之外，每个职员都有上司。如果你的工作完成得很好，你的业绩也不错，你的下属也很喜欢你，但你的上司可能不欣赏你，因为你只知道做自己的工作，只知道怎么管理你的下属，不注意上司怎么看你。所以，如果你要获得上司的喜爱，下面的八点你一定要认真地去做：

1.主动报告你的工作进度

当领导的心中往往有个不快，就是不知道他的下属在忙些什么，每天好像都很忙，又不好意思经常去问他。因而做下属的一定要主动报告自己的工作进度，让上司放心，不要等做完了再讲。有时小小的一点错误，发展到后面就会变得很大，所以越早把工作进度报告给你的上司，一有错误，他可以纠正你，避免犯大错误。

作为一个下属，你有多少次主动报告你的工作进度？让上司知道，让他放心。实际中其实很少。对上司来说，管理学上有句名言：下属对我们的报告永远少于我们的期望。可见，上司都是希望从下属那里得到更多的报告。因此，做下属的越早养成这个习惯越好，上司一定会喜欢你的。

2.对上司的询问有问必答，而且清楚

做上司的经常会觉得下属回答问题的那个样子让人受不了，"蔡小姐，昨天下午说过的那个报表今天一定要交给我。""知——道——了，老——总，你没看到我在写吗？"如果你的下属这样子回答，你一定会非常的不喜欢，甚至痛苦。而她很能干，不能因为这样就随便炒她。

如果上司问你话，一定要有问必答，最好是问一句，答三句，让上司清楚；答的比问的要多，让上司放心，答的比问的要少，会让上司忧虑，不应是一个员工应有的心态。

回答上司的问题时，有一件小事不能随便。上司进来问我们话时，应立即站起来是基本的礼貌，很多人没有这种习惯，上司问话时坐着回答。这一点，日本人做的很到位。日本人在问下属问题时，下属通通都是站起来马上回答。这就表示他们这种伦理做得比我们好，其实日本承袭的是我们中国的汉唐文化，是学我们中国人的，但是今天他们很多地方做的比我们还要到位。而我们的下属有时甚至对上司讲话都不够礼貌，更不要说有问必答而且清楚了。

3.努力学习，充实自己，以了解上司的言语

做下属的，脑筋要转得快，要跟得上上司的思维。你的脑筋会不会转得比你上司快？一般不会，那你要不要去努力地学习？肯定要的。今天他能有资格当你的上司，肯定有他的一套，有比你厉害的地方。如果你去联想集团当一个副总，你的脑子会不会比柳传志还快？我想你肯定不敢这样讲。柳传志能够领导联想，能够把联想发展成今天这种规模，肯定有很多地方值得你去学习。因此，你不仅要努力地学习知识技能，还要向你的上司学习，这样才会听得懂上司的言语。他说出一句话，你要能知道他的下一句话讲什么，也就是知道了他的言语，跟得上他的思维。如果你不去努力的学习，你的上司想到20公里了，你才想到5公里的地方，你跟他的差距就会越来越大，他是没法提拔你的。

很多人都想超越他的上司，这是非常可贵的精神，但要超越你的老板，先要学会他那一套，然后再谈超越他。你连他那一套都没有学会，就更谈不上超越了。因此，做下属的，要不断的学习，学习你的上司，不断充实自己，才会提升自己，才有机会获得上司的赏识和提拔。

4.接受批评，不犯二次过错

日本一家电器公司的老板准备物色一位职员去完成一项重要的工作，在对众多的应聘者进行筛选时，他只问一个问题："在你以往的工作中，你犯过多少次错误？"他最终把工作交给了一个犯过多次错误的员工。开始工作前，他交给该员工一本《错误备忘录》，嘱咐道："你犯过的错误都属于你的工作成绩，但是你要记住，同样的错误属于你的只有一次。"这说明，上司会给员工犯错的机会，但不希望下属犯同样的错误。

人非圣贤，孰能无过？人肯定是会犯错误的，只有无所事事的人才不会犯错误，聪明人的可贵之处是能在每次犯错误之后，接受教训，及时总结经验，不犯二次过错。但一个人要能真正做到不犯二次过错，其实是非常不容易的事情。一个人犯第一次错误叫不知道，第二次叫不小心，第三次叫故意。不要以不小心作为犯错误的借口，更不能故意去犯错误。如果你对你的上司说："老总，您放心，这是我第一次犯这个错误，也是最后一次。"你敢讲这种话，是非常不简单的，但你要培养这种勇气和素质。

5.不忙的时候，主动帮助别人

这是一个强调团队精神的时代，公司的成功要靠整个团队。团队成员需要良好的协作，也需要互相帮助。一个人不忙时，要主动帮助他人，这是一种团队精神。在麦当劳，如果没人扫地，店长都会去扫地的，也会帮人点餐。如果有一队排的很长，其他队人很少，一定会有人说：那边的客人请到这边来。麦当劳文化的一个重要特点就是快速的服务，做到这点的一个重要原因就是员工在不忙的时候，会主动帮助他人。其实这一点也是美国公司的一个文化，这是人家的长处，我们需要学习。

今天你帮助别人，不仅是一种积极的工作态度，也是有利于你自己的良好作风，因为有一天，你也会需要别人的帮助，别人也会来帮你。现实中，很多人崇尚本位主义，自己不忙时，说人家是应该的，他忙是活该，我休闲叫应该。如果一个组织存在这种思想，那么这个组织就很危险，很难成为“一家人”，其凝聚力、战斗力就会大打折扣。

6.毫无怨言的接受任务

最完整的人事规章，最详细的职务说明书，都不可能把人应做的每件事都讲得清清楚楚，有时会临时跳出一些事来，下属会临时接受一个工作任务。假如公司一位重要的客户要过来，为表诚意，公司要派人去接他。这是临时的事情，职务说明书里是不会有的。那么被派的人如果说：“凭什么要我去?我已经下班了，当时我来时，你们有没有讲过要这样做?”如果你这样子去计较，你在一个组织里是很难出头的。临时的事是一定要有人做的，你要一口答应，一肩挑起。最难的是：要毫无怨言。如果你毫无怨言的去做，你的上司会非常的感激你，他即使当时不说，也会利用另外的机会表扬你，奖励你、回报你。

人不要太斤斤计较。中国有一句话：吃亏就是占便宜。这是很有道理的，因为你在一个地方付出了，会在别的地方得到回报。一个公司的成功要靠全体的努力，你要毫无怨言的接受任务。

7.对自己的工作主动提出改善意见

这是最难做到的事情。如果你的上司说：“各位，我们来研究一下，工作流程是否可以改善一下?”严格说来，这样的话，不应该由你的上司来讲，而是应该由你来讲。所以每过一段时间，你应该想一下，工作流程有没有改善的可能？如果你是你所干工作的专才，而你的上司不是，他提出了改善计划，想出了改善办法，你应该羞愧。如果他说：“我要你来干什么？公司请你来，是要你来管理和提高生产效率，你还是这方面的专家，可还要我来替你改善流程。”

8.想得到的利益让上司为你争取

不要在领导面前直接计较个人利益得失，如果你喋喋不休地向领导提出物质利益要求，超出了他的承受能力，在感情上他会觉得压抑、烦躁。如果“利益”是你“争”来的，领导虽做了付出，但并不愉快。心理上会认为你是个“格调”较低的人，觉得你很愚蠢。如果你的领导是个糊涂虫，与他争利益得失反倒会把你的功劳一扫而光，“利”没有得到“名”也会丧失。最好的办法是让领导主动地给，而不是你去“争”。

第五章

20 几岁该挣的不只是薪水，是贵人资源

人人都想得到贵人的帮助，职场上如果能得到贵人的帮助，就可以尽快地得到提拔，得到更多的晋升机会。相较于薪水，20 几岁的年轻人更应该争取的是贵人资源。在职场生活中，20 几岁的年轻人要学会发现隐藏在自己身边的贵人，争取到自己的贵人，借贵人的光，从而更好地做到借力使力，借助大人物的肩膀成自己的事，同时，好上司也是职场人士的贵人，20 几岁的年轻人要跟对一个好上司，这样的职场路走起来也不失为一条捷径。

篱笆立靠桩，人立要靠帮

正如中国古话所说："篱笆立靠桩，人立要靠帮。"20几岁的年轻人要想干一番大事业并且取得成功，向来都需要共同协作。

俗话说：一个篱笆三个桩，一个好汉三个帮。卫星升空，要靠火箭助推。人借助外力，犹如借梯登高。那么究竟怎样才能借助于别人的力量呢？从古至今的实践经验来看，其中有借势、借机、借德、借智、借力之分。其中借势就是借助或倚重别人的力量造成一定的声势；借机就是把握事物发展的有利时机，或借助于别人创造的时机，来达到自己的目的；借德就是仰仗于有德者的威信、信誉，使自己的声誉尽快建立起来，用现代理论来讲，声誉是事业的命脉，失德者必自毙；借智就是集中人才的智力优势，广泛征集各方面的意见和建议，做出最科学的方案，来保证事业的成功；借力就是依靠别人的实力做自己的事业。

其实，每个人的身边都有一座金矿，最重要的是20几岁刚入职场的年轻人是不是能发现它，能不能挖掘它。这个金矿就是人际关系，是待开发的资源。一个人的力量是有限的，孤军奋战、单打独斗，很难成为行业的长青树。所以，20几岁的年轻人要眼睛向外，面向社会，借力助推，众人扶持，充分挖掘利用身边的人际关系，谁能做到这一点，谁就能胜人一筹，成为最终的胜利者。

《红楼梦》中的薛宝钗填过一首《柳絮词》，其中有一句是"好风凭借力，送我上青云"。她一反大贬柳絮飘浮无根、无所依附的写法，而是用肯定态度对其做了赞美。这正如有人不仅看到了辛勤耕耘的黄牛，也看到了黄牛背后不断抽动着的鞭子，这正是见识的独到之处。从中也可得到一个启示：一个人在事业上要想获得成功，除了靠自己的努力奋斗之外，有时需要借助他人的力量，才能平步青云或扶摇直上。我们把"好风凭借力"这句话中所蕴含的人生哲理用在求职就业的过程中，就可以称它为“借梯登高”之计。

在复杂的社会关系之中，在各种社会关系构成的屏障面前，互相利用是人性的弱点，但它也是人类共同需要的心理倾向，而这正是“借梯登高”之计的实质所在。俗话说：“一个篱笆三个桩，一个好汉三个帮。”20几岁的年轻人如果不懂得或不善于利用他人力量，光靠单枪匹马闯天下，在现代社会里是很难有大作为的。下面，我们就来看看20几岁的年轻人在职场上如何做才能更好的做到“借梯登高”。20几岁的年轻人在施行“借梯登高”之计时，一般要遵循以下步骤：

1.找“梯”，即要与有影响力的人做朋友。

对于一般人来说，在求职或就业的过程中，应该随时留心周围人的品格、能力及其影响力，要用真心去交朋友。为了赢得他人的真诚相助，你必须先付出某些东西，如真心或物质。人心都是肉长的，你天长日久的付出总会有所回报。所以平时与人交往时，要盯得准谁有能力帮助你。当然，与任何人相处都要以友善、真诚为本。

2.借“梯”，即求得朋友的帮助。朋友能否帮你的忙，还看你平时表现如何。这就要求你与人交往时，目光要放远些，不因小利而不为，亦不因利大而为之。如果你与对你求职就业有所帮助的朋友发生了不愉快，你应首先谅解他。“小不忍则乱大谋”，这是古训，在这方面古人也做出过榜样，比如，韩信能受胯下之辱，张良能为老者拾履。平时的基础打好了，量变积累终会成为质变，也就会“得来全不费功夫”了。你待人好，人家对你自然有真心，关键时刻助你一把也在情理之中了。这样看来，借“梯”的功夫完全包含在平时的为人处事之中。这里还需要说的是，有很多人并不是不会施行此计，而是难为情而不愿意求人，总觉得这样做有失体面，好像是贬低了自己的能力。其实，这些想法都是不必要存在的。什么时候也别忘了，即使是拿破仑也需要别人帮他架起成功的桥梁，何况你只是一个平常之人呢？

3.掌握时机，拉人一把。

患难检验你做人的态度，患难检验你做事的方式。20几岁的年轻人要善于利用人际关系网去造就自己，嘉惠别人，成就事业，改变你的人生，用人际关系来借梯登高，成为你通向成功的一座畅通无阻的桥梁。社会学家费孝通先生曾说过，中国人基本上就是活在一个人情网络里。事实上，在现实社会中人际关系本身就是一种资源。如果20几岁的年轻人拥有丰富的资源却不善于利用，不懂得借梯登高，实在是大为可惜。

争取到自己的职场"贵人"

有的人总是抱怨说：贵人总是可遇不可求啊。职场上的贵人真的那么难以寻找吗？事实则不然，只要用心，我们就可以发现职场上处处有贵人。20几岁的年轻人一定要善于寻找自己在职场上的贵人，并争取到自己的职场贵人。

经济不景气，职场的竞争与压力也越来越大，但即使如此，人往高处爬，谁都希望工作能越换越好、职位能越爬越高，因此现在就要教给大家几招很管用的职场小妙方，不仅能帮助你争取到更好的发展及晋升机会，更让你有贵人相助，轻松奠定无可取代的职场地位！而要想争取到自己的职场贵人，20几岁的年轻人首先要了解什么是职场贵人，让我们先来解读"职场贵人"的理念。

首先，20几岁的年轻人必须弄清楚一件事，在今天的职场生涯里，已不像从前，从前是以个人能力为关键，因此造就了很多职场英雄。今天的职场生涯，和团队合作有密切关系。今天的成就并不是个人，而是团队领导。当我们了解到今天的职场生涯不能当独行侠而是要群体生活，我们就会明白把人搞定方为关键。想要把人搞定，我们就一定要掌握人际关系的秘诀，而职场人际关系的秘诀：职场贵人。

20几岁的年轻人更应该知道，自己不可能守株待兔，什么事都没做，只等待贵人的出现。在职场上，自己的努力非常重要，在努力的过程中有贵人出现，我们的努力和付出会更快及更容易见效。

其次，20几岁的年轻人要弄懂谁是"职场贵人"。我们的贵人其实就在我们周围，他们就像我们的小天使，在我们身旁守候着我们，希望我们的努力及付出变得更有价值。他们从来没放弃过你，默默地在幕后支持着你。他们就是我们背后隐形的翅膀，一直支撑着我们，好让我们能飞得更高和更远。

以下是十种职场贵人，20几岁的年轻人可以在平时的职场生活中争取到这些职场贵人的帮助。

1.愿意无条件挺你的人

如果有人愿意挺你，他肯定是你的贵人。当他愿意无条件的挺你，只因为你是你，他相信“你”这个人，他接受你。一个愿意接受我们的人，他肯定是我们的贵人。

2.愿意唠叨你的人

因为关心你，所以才会唠叨！因为在意你，所以才会唠叨！唠叨是提醒，在事情发生前，唠叨你的人希望你可以少走冤枉路。

3.愿意和你分担分享的人

愿意陪你一起度过风雨的伙伴，是你的贵人。很多人会在有难时离开你，但是当你有成就时，他们就想要和你一起领功。没分担，只要分享，这哪里可能？可以陪同你分担一切的苦，分享一切的乐，这是贵人。

4.教导及提拔你的人

嫌弃你的人不是你的贵人，这样的人看不到你的好。不嫌弃你的人才能看到你的好，同时也了解到你的不足之处，他能协助你，提拔你，这样的人才是你的贵人。

5.愿意欣赏你的长处的人

一个愿意发现或欣赏你的长处、接纳你长处的人，肯定是你的贵人。

6.愿成为你的榜样的人

贵人言行一致，讲到就肯定做得到，他们往往不喜欢夸大，常会默默地做，做比讲来得多。这种贵人具有实力和谦虚的性格。

7.愿意遵守承诺的人

贵人都愿意遵守自己的承诺，因为他们能够很清楚的知道自己的能力所在，自己能不能全力做到承诺的内容。

8.愿意不放弃而相信你的人

贵人是不会放弃他的组员的，贵人会相信对方。贵人会视对方无罪，一直到对方被定罪为止，这代表贵人会完全相信他的伙伴，全力支持他。

9.愿意生你的气的人

如果他还愿意生你的气，你就得感激他。这是因为他还很在乎你。试想想，如果你完全不再爱对方，你会理会他吗？爱的相反不是恨，而是冷漠。

10.愿意为你的人

如果他愿意为你，只因为你是你，那你肯定很幸福，因为他处处为你着想，他是你的贵人。今天你如果不是伙伴们的职场贵人，那有很大的可能性，你已经是对方认为的职场小人了。想想吧，你要有怎样的成果就得有怎样的行为，因为你的想法将导致你的行为，而行为将呈现某种结果。你是贵人还是小人，全看你今天的想法和行为。

察言观色说漂亮的借力话

20几岁的年轻人在职场上要懂得见风使舵，说好漂亮的借力话，而漂亮的借力话需要年轻人懂得察言观色。

人生之中，借的东西实在太多了，就看你能不能够做一个善借者。一个成功者，往往是一个善“借”者，能够巧借他人之力，以达到自己的目的。所谓“借”就是要善于抓住不同的人的特点，投其所好，赢得别人的支持，建成自己事业的真正大厦。中国是一个重人情的社会，很多事情靠公事公办往往办不成。在社会上寻找有用的社会资源，建立自己的关系网十分重要。

在职场中，寻求借力需要20几岁的年轻人拥有“察言观色”的说话智慧，20几岁的年轻人在寻求帮助时要察颜观色，依人依时行事，成功几率方能成倍增长。如果说观色犹如察看天气，那么看一个人的脸色应如“看云识天气”般，有很深的学问，因为不是所有人所有时间和场合都能喜怒形于色，相反很多人有时候是“笑在脸上，哭在心里”。

“眼色”是“脸色”中最应关注的重点，它最能不由自主地告诉我们真相，人的坐姿和服装同样有助于我们观人于微，进而识别他人整体，对其内心意图洞若观火。直觉虽然敏感却易受人蒙蔽，懂得怎么推理和判断才是察言观色所追求的顶级技艺。言辞能透露一个人的品格，表情眼神能让人窥测他人内心，衣着、坐姿、手势也会在毫无知觉之中出卖它们的主人。言谈能告诉你一个人的位置、性格、品质及至流露出来的内心情绪，因此善听弦外之音是“察言”的重要所在。

一个举人经过三科，又参加候选，得了一个山东某县县令的职位。第一次去拜见上司，想不出该说什么话。沉默了一会儿，忽然问道：“大人尊姓？”这位上司很吃惊，勉强说了姓某。县令低头想了很久，说：“大人的姓，百家姓中并没有。”上司更加惊异，说：“我是旗人，贵县不知晓吗？”县令又站起来，说：“大人在哪一旗？”上司说：“正红旗。”县令说：“正黄旗最好，大人怎么不在正黄旗呢？”上司勃然大怒，问：“贵县是哪一省的人？”县令说：“广西。”上司说：“广东最好，你为什么不在广东？”县令吃了一惊，这才发觉上司满脸怒气，赶快走了出去。第二天，上司令他回去，任学校教职。究其原由，便是不会察言观色。

在职场中，20几岁的年轻人需要对他人的言语、表情、手势、动作以及看似不经意的行为有较为敏锐细致的观察，这些都是掌握对方意图的先决条件，测得风向才能使舵，才能说出漂亮的借力话。例如和上司打交道时，对其眼手的观察，能够让我们洞悉其内心：

上司说话时不抬头、不看人。这是一种不良的征兆——轻视下属，认为此人无能。

上司从上往下看人。这是一种优越感的表现——好支配人、高傲自负。

上司久久地盯住下属看——他在等待更多的信息，他对下级的印象尚不完整。

上司友善和坦率地看着下属，或有时对下属眨眨眼——下属很有能力、讨他喜好，甚至出错也可以得到他的原谅。

上司的目光锐利，表情不变，似利剑要把下属看穿。这是一种权力、冷漠无情和优越感的显示，同时也在向下属示意：你别想欺骗我，我能看透你的心思。

上司偶尔往上扫一眼，与下属的目光相遇后又往下看，假如多次这样做，可以肯定上司对这位下属还吃不准。

上司向室内凝视着，不时微微点头。这是特别糟糕的信号，它示意上司要下属完全服从他，不管下属们说什么，想什么、他一概不理会。

双手合掌，从上往下压，身体起平衡作用——示意和缓、平静。

双手叉腰，肘弯向外撑，这是好发命令者的一种传统人体语言。

上司坐在椅子上，将身体往后靠，双手放到脑后，双肘向外撑开，这固然说明他此时很轻松，但很可能也是自负的意思。

食指伸出指向对方——一种赤裸裸的优越感和好斗心。

双手放在身后互握，也是一种优越感的表现。

上司拍拍下属的肩膀——对下属的承认和赏识，但只有从侧面拍才表示承认和赏识。假如从正面或上面拍，则示意小看下属或显示权力。

手指并拢，双手构成金字塔形状，指尖对着前方——必须要驳回对方的示意。

把手捏成拳头——不仅要吓唬别人，也示意要维护自身的观点，倘用拳头敲桌子，那干脆就是企图不让人说话。

察言观色是一切人情往来中操纵自如的基本技能。20几岁的年轻人如果不会察言观色，等于不知风向便去转动舵柄，弄不好还会在小风浪中翻了船。

借贵人给自己打个背景光

在职场生活中，借贵人给自己打个背景光，可以让自己得到更快的晋升，20几岁的年轻人要学会借贵人的光，以便使自己更快的得到提拔。

单从借力的角度，为自己寻求一些贵人作为背景，从而使自己尽快得到提拔，英雄有用武之地是很值得研究的。以下结合现代社会的特点，给20几岁的年轻人提供几项具体可行的建议：

1.找寻贵人。贵人可以是在层级组织中职位比你高且能帮助你晋升的人。20几岁的年轻人得费心地去分辨谁具有这种能力。你或许以为，你的晋升几率取决于顶头上司对你的评语好坏，这观念或许是正确的。但是更高的管理阶层可能觉得你的顶头上司已到达不胜任阶层，因而可能不在乎他的推荐和好恶。所以，不要太肤浅，仔细深入观察，你也许能找到能帮助你晋升的贵人。

2.激励贵人。不激励贵人等于没有贵人。值得20几岁的年轻人注意的是，在层级组织里，贵人帮助你往上晋升后他有什么好处，如果他不帮助你晋升，他有什么损失。

3.以退为进。康庄大道永远是最好的途径。试想你正置身于游泳池内，你努力地往高处的跳水板爬，可是当你爬到半途时，前面一名也想跳水的人挡住了你的去路。那人爬到一半便已失去勇气，双眼紧闭，死命地抓住栏杆，既不会掉下来，也不再向上爬，而你就是无法超越他，这时，站在跳水板上的朋友虽然拼命为你呐喊加油，结果还是无济于事。同样地，在工作上的层级组织中，如果你的上一层职位被某一个不胜任者占住，那么你花再多力气或你的贵人再有心提拔你，也都将徒劳无功。

为了到达跳水板顶端，你必须爬下那座被堵塞了的阶梯，横越到另一侧没有障碍的阶梯上，然后再顺利地爬上顶端。同样地，在层级组织中，你必须离开挡路人那条升迁管道，然后从另一个没有阻碍的管道往上晋升。如果那人仍有资格获得晋升，他便不算是挡路人，而你也不必躲开他。只要稍加忍耐多等一些时日，他获得晋升时，职位出现空缺，你的贵人便能立即提拔你。

4.争取多位贵人的提拔。多位贵人的共同提拔，可产生乘数的提拔效果（指贵人人数乘以个别提拔效果）。乘数效果的产生，系由于这些贵人在他们的谈话里，不断地互相强化你的优点，因而使他们决心提拔你。假使你只有一个贵人，你便得不到这种强化的效果。所以，拥有多位贵人便能获得晋升的机会。

职场的捷径：跟对好上司

20几岁的年轻人要想快速晋升和获得成功，根本不需要舍近求远，跟对一个好上司，向身边的上司学习不失为20几岁的年轻人在职场上获得成功的一条捷径。

也许是出于表面的不屑、内心的嫉妒，也许是出于利益的冲突、天然的对立，很多职场人士忽视了每天都在督促自己工作的老板和上司——那些实际上最值得我们学习的人。上司之所以能够成为上司，必然有他们的过人之处。20几岁的聪明的职场人应该时时刻刻研究他们的一言一行，了解并积累作为一名管理者所具备的知识和经验，取其精华，弃其糟粕。惟有这样，20几岁的年轻人才能把工作做得更好，才能使自己也能够成为与他们比肩的优秀者。

而在20几岁的年轻人成长为与上司比肩的优秀者的过程中，他们首先要选择好的上司，跟对一个好上司，可以免去许多弯路。20几岁的年轻人可以根据上司的一些共同的脸谱来识别自己身边的上司是否是好上司。

脸谱1.有强烈的事业心，视职业前途为生命。20几岁的年轻人与这样的老板共舞，自己才可能有出头之日。这样的上司想把事业做大做强，需要大量追随者，为愿景的实现，他必须心胸宽广，他知道应该如何对待得力的下属。好上司懂得对下属最有效的管理手段是信任和授予权限。

脸谱2.有领袖风范，坚韧果敢，有勇有谋，心胸广阔有容人之心，懂得如何培养亲信、笼络人心。这样的老板只需具备领导艺术，而不必懂得专业技能。

脸谱3.品行端正，不谋私利，不搞阴谋诡计。没有人愿意跟随扭曲心灵的无德之人，为这样的上司尽心竭力到头来没有好结局，成天处于惶恐之中，这不是理想的职场环境。

除了上述基本判断原则，两人的"缘分"不可或缺。在思考方法、工作风格、处事方式、对下属的欣赏角度等方面，每个领导都有自己的特点，如果20几岁的你和上司一拍即合，"一见钟情"，那么你们有缘分；如果你和上司相互看着不顺眼，在领导的强大压力下你只能演变成另外一个人才能满足领导的要求，那么赶紧离开吧，这位领导不适合你。

好上司很多，是哪种类型不重要，哪种类型都有好上司，关键看是否适合你。20几岁的年轻人不可错过的上司的主要标志是：他很信任和欣赏你；你的付出他需要，你的所需所求他能够给你；你自觉地把他的荣辱和烦恼共担，共事愉快。

好上司是人生奋斗的加速器，其知遇之恩对20几岁的年轻人的工作和生活的影响不可估量。至少有三大方面的价值：一是在上司身边，20几岁的年轻人可以近距离真切地学到成功者多方面的真经，快速提升自己。二是20几岁的年轻人能比较轻易地接触到和打入上司的人脉圈里，短时间内借助外力站上较高的平台。三是上司的光辉能够折射到20几岁的年轻人，为20几岁的年轻人增加无形价值。

跟对好上司，20 几岁的年轻人要恪尽职守，独当一面，完美实现本职岗位责任，为上司分解压力、分担重任。这是跟随上司的基础，是上司需要你的目的所在。再者 20 几岁的年轻人要更进一步，加强和上司的深度交流，取得上司的尊重和信任，成为上司的心灵之友和心理咨询师；最后 20 几岁的年轻人要站在上司的角度，用他的视野审视上下左右，发现问题提前向他预警并且提出建设性的建议，并且尽可能不要烦扰他，独自摆平负面问题。

跟随好上司，不意味一定要成为心腹。做好本职，和他保持距离也是不错的选择。"跟随"并不简单，往往跟着跟着就随不上了，有强大事业动力的上司渴望优秀团队的辅佐，即使他多年一路提拔的下属，如果达不到他的期望值，一样逃脱不了被淘汰的结局。因此，作为下属，永远不能恃宠松懈，放松对自己的要求，要不断学习和完善自我，才能一路领先，走向成功的终点。

爬上"大人物"的肩膀

攀龙附凤之心大部分世人都有，谁不希望有个声名显赫的朋友：一个明星，或者随便什么大人物。如果能跻身于他们的行列，自己便也沾上了荣耀，在别人眼里也就身价大增了。

利用"大人物"的方法在生意场上屡见不鲜，比如现在许多人都崇尚名人，对名人的话俯首恭听，唯命是从。因此，生意场上若能使自己的商品与某个名人挂上钩，销路自然大开。

北京北海公园琼岛北面有家名叫仿膳饭店的老饭庄，历史悠久。虽然这里的饭菜全是仿照清朝宫廷菜点的方法烹制，但生意一直很清淡。后来他们通过调查，发现外国游客大都对皇帝的起居饮食怀有浓厚兴趣，于是决定以

“皇帝吃过的饭菜”作为仿膳的特色，大张旗鼓进行宣传。他们搜集了许多关于宫廷菜点的传说和有关的轶事，编成故事，让服务员背下来，在点菜、上菜时根据不同顾客、不同场合加以介绍，生意一下子变得火爆起来。一次，美国华盛顿黑人市长在这里举行答谢宴会，席间服务员端上一盘点心，彬彬有礼地介绍说：“慈禧太后夜里梦见吃肉末烧饼，第二天早上碰巧厨师为她准备的正是肉末烧饼，她高兴极了，认为这正是心想事成、吉祥如意的象征。今天各位吃的就是当年慈禧太后‘梦寐以求’的肉末烧饼，愿大家今后事事如意，步步吉祥……”一席话把美国客人逗乐了。华盛顿市长高兴地敬了服务员一杯酒，说：“下次来北京，愿再来你们这里做客！”

许多商业广告喜欢用名人而不惜重金，实际上也是借力的应用。有头有脸的人都喜欢用的东西，普通人心理上容易认同：“我和 xx 用的是同一个品牌。”同样是消费，多一层攀龙附凤的光环，自然很多人愿意借这个光。

在生意场上，借助大人物可以使自己的产品获得更多人的认同，在职场上，如果 20 几岁的年轻人懂得如何爬上“大人物”的肩膀，借助大人物的力量，那么 20 几岁的年轻人也会更容易获得上司的认同。

周芸与陈思思是从同一所大学印刷专业毕业，毕业后两人又同时签约在一家公司。原指望能成为办公室中的一员，可是万万没有想到，公司培育人才的方式规定，新来的大学生必须先到车间工作一年后方可调至办公室。两人从师兄师姐那儿打听到，车间工作比想象中的还辛苦：轰鸣的机器声，刺鼻的油墨味，白晚班 12 小时连班倒，周末还得经常加班。男生在那儿都很难撑一年，更别说细皮嫩肉的女生了。两人一听顿时对未来失去了信心，同时，也开始动脑筋想法子改变这种传统。要改变传统自然不是容易的事情，两人琢磨了很久，想到一定得找个贵人帮忙。可是找谁呢？周芸盯住了公司生产总监邓总做自己的贵人。新生进入公司经过一个月的入职培训后，董事长请吃饭，慰劳刚刚结束培训的新进职员，同时鼓励大家迎接即将开始的工作，公司各事业部老总也出席了晚宴。周芸看准机会，坐到了自己未来老板邓总的旁边。2

个小时的饭局，周芸成功的让生产总监记住了自己的名字。第二天，就有人对她说，邓总请她去办公室一趟，她忐忑不安地去了。

邓总大约40多岁，看起来非常和善，他问了周芸一些在学校时的情况，以及她对公司的看法和对未来的设想，最后，他说："小周啊，我看你很机灵，有潜力，我这办公室的秘书刚刚走了，你就接替他的职位吧。"周芸简直不敢相信自己的耳朵，她嗫嚅着说："我？……"邓总说："好好干，我相信你能行！"

陈思思也使出了找贵人相助的方法，但她找的是负责他们新人培训的人力资源部培训主任。入职培训时，组织培训的人员问到个人职业生涯规划，陈思思就直接坦言，要从事人力资源工作。一个月的入职培训期间，陈思思也常常主动帮忙布置培训室，收集大学生们的各种需求信息反馈给培训主任，俨然一个小跟班。没过几天，人力资源部的经理找她过去，和她闲聊了一会儿，之后又问她，现在培训主任下面空缺一个职位，问她愿不愿意过来，陈思思欣喜若狂，满口答应，人力资源部经理说，那下午就过来上班吧。那天晚上，周芸和陈思思找了个饭店庆祝胜利，虽然她们没敢请公司生产总监邓总和人力资源部培训主任，但是她们还是在桌子上摆了两副碗筷，以示对这两位贵人的感谢。

人们都说大树底下好乘凉，表达出大自然的一种自然法则，更蕴含着依托某种大环境、大气候、大企业、大品牌来发展自身的寓意。其实说到底，"傍"是一种借力的表现，这个"力"的含义可以有很多，包括资源、客源、技术、政策以及发展前景等等。通过把这个"力"为我所用，你就不是"一个人在战斗"，而是恰到好处地发挥了杠杆作用，由此产生事半功倍的效果也就不奇怪了。

向贵人表达谢意

中国有句古话："滴水之恩，涌泉相报。"意思是说，别人给过我们的一点点帮助，我们都要牢记在心，加倍地回报。20几岁的年轻人要学会感恩帮助你的人，怀着一颗感恩的心，以实在的利益回报自己的贵人，这样才能体味丰富多彩的职场生活。

当你在职场中遇到麻烦、困难或者不幸时，兴许很快能得到他人热心的帮助。得到他人帮助之后，你自然会想到感谢。对他人的帮助表示由衷的感谢，这是完全应该的，也是人之常情。但是，你得知道，如何感谢，这里也是有点讲究的。在职场生活中，20几岁的年轻人要以实在的利益回报自己的贵人。

1.要及时而主动地表示感谢，以显示真诚

尽管许多人帮助他人，并不指望着得到回报，但对于受帮助的人来说，一定要及时而主动地表示真诚的感谢。及时，是从时间上说的，待被帮助的事情有了结局后，要马上表示感谢，不能慢吞吞地一拖再拖；主动，是从态度上说的，要找上门去，到对方单位或家里去，不要在对方上你家或在路上偶然遇见时，才忽然想起要感谢一下，才临时抱佛脚地准备。及时主动，说明你对他人的帮助是非常重视的，说明你十分尊重他人的帮助，也说明你是一个性格爽直、懂得人情的人，它有助于进一步加深彼此的感情。

2.要诚实守信，许下的诺言决不打半点折扣

有时，为了能尽快解除自己的麻烦或困难，有些人通过新闻媒介或其他形式公开寻求帮助，并许下诺言，一旦帮助成功，给予一定数量的酬谢。这也不失为一种行之有效的方法。但一定要恪守诺言，决不能说话不算数。不管对方付出的劳动如何，不管对方是出于何种动机，只要确实给你提供了帮助，就应该不折不扣地兑现自己当初的诺言。有些人见对方品格高尚，决意不要酬谢，就暗自高兴，把原先许下的承诺心安理得地咽下了；有些人见对方完全是冲着酬谢来的，不但不给自己答应的酬谢，反而指责其动机不纯，没有乐于助人的品德。这两者都是错误的。对品德高尚的帮助者，即使他坚决不要，也可以改变方式，通过其他途径表示感谢；对完全是为酬谢而来的帮助者，其动机固然难说可贵，但如果被帮助者因此而违诺，不肯承担自己应该承担的责任，就更应该受到严厉的指责。

3.要根据不同的对象，选择恰当的途径和方法

感谢他人的途径和方法是多种多样的，除了物质上的表示外，还可以通过其他形式。要根据帮助者的身份、职业、性格、文化程度及经济状况等具体情况来选择最恰当的形式，不要以为送值钱的东西就是真诚的感谢，也不要以为无限的夸奖就是感谢。有些人，你送他一笔钱表示感谢，说不定他会很不高兴，甚至认为那是对他的侮辱；对有些人，表示感谢的方式也许是你自己的努力学习和工作；对有些人的感谢，最好的方式也许是广为宣传。因此，感谢别人，不能一概而论，要因人而异。

4.要掌握好感谢的度，力求做到合理与恰当

和做其他事情一样，感谢别人也要掌握分寸，力求适度，过份和不足都有所不妥。过份，或许会让人难以接受，甚至产生怀疑；不足，又会让人觉得对方不尊重自己的劳动。合理适度，可根据这两方面来决定：一是对方付出的劳动的多少，二是对方的帮助给自己带来的益处（经济的、情感的、名誉的、身体的等），要综合这两个方面，再决定感谢的份量。光从别人付出的劳动或光从给自己带来的益处一方面来决定都可能导致失度。因为这两者之间往往不相协调，有的帮助者付出的劳动很小而给被帮助者带来的益处很大，有的也许正相反。

5.表示谢意是一种感情行为，不能一次性处理

帮助与感谢是一种感情的交流行为，它不同于一般的货款交易。感情是一种值得反复品味的耐久的特殊事物，不能用一手交货一手交钱的那种纯商业手段处理。对方帮助你，这本身就是一种情的表现，对情的回报，最好还应该用同样的情来报答。这样，才能体现出人与人之间的温暖，才能建立更加密切的人际关系。不要以为他帮助了我，我已经酬谢过他了，从此咱们两清了，毫不相干了。假如这样，未免太缺少人情味了。因此，对有些人的帮助，如有必要和可能，可保持长久的联系，让人情之桥永远畅通。

第六章

20几岁该挣的不只是薪水，是阅历经验

20几岁的年轻人，大多都是职场新人，他们年轻，有活力，敢想敢做，但缺少经验是他们的致命弱点。加之，刚刚踏入社会，很多20几岁的年轻人都有着强烈的挣钱欲，他们在乎的是一个月能拿多少薪水，殊不知，相较于薪水，更重要的是阅历和经验。20几岁的年轻人要想获得更多的阅历和经验，就必须跳出薪水的怪圈，懂得取舍之道，毕竟学会取舍，得失心才不会那么重，才能笑对职场得失，才能笑傲职场陷阱。而对于急于升职的年轻人来说，也要平衡好升职和经验之间的取舍，进而做出最有利于自己发展的选择。

微薄薪水如能换来真经验也是超值的

工作固然是为了生计，但是比生计更可贵的，就是在工作中充分挖掘自己的潜能，发挥自己的才干。20几岁的年轻人如果能让微薄的薪水换来真经验也是超值的。

一些年轻人，当他们走出校园时，总对自己抱有很高的期望值，认为自己一开始工作就应该得到重用，就应该得到相当丰厚的报酬。他们在工资上喜欢相互攀比，似乎工资成了他们衡量一切的标准。但事实上，刚刚踏入社会的年轻人缺乏工作经验，是无法委以重任的，薪水自然也不可能很高，于是他们就有了许多怨言。

之所以出现这种状况，原因在于他们对于薪水缺乏更深入的认识和理解。大多数人因为自己目前所得的薪水太微薄，而将比薪水更重要的东西也放弃了。20几岁的年轻人要警告自己：不要为薪水而工作，因为薪水只是工作的一种报偿方式，虽然是最直接的一种，但也是最短视的。一个人如果只为薪水而工作，没有更高尚的目标，并不是一种好的人生选择，受害最深的不是别人，而是他自己。

一些心理学家发现，金钱在达到某种程度之后就不再诱人了。即使你还没有达到那种境界，但如果你忠于自我的话，就会发现金钱只不过是许多种报酬中的一种。试着请教那些事业成功的人士，他们在没有优厚的金钱回报下，是否还继续从事自己的工作？大部分人的回答都是："绝对是！我不会有丝毫改变，因为我热爱自己的工作。"想要攀上成功之阶，最明智的方法就是选择一件即使酬劳不多，也愿意做下去的工作。当你热爱自己所从事的工作时，金钱就会尾随而至。你也将成为人们竞相聘请的对象，并且获得更丰厚的酬劳。

人生的追求不仅仅只有满足生存需要，应该还有更高层次追求，有更高层次的动力驱使。不要麻痹自己，告诉自己工作就是为赚钱——人应该有比薪水更高的目标。事业成功人士的经验向我们揭示了这样一个真理：只有经历艰难困苦，才能获得世界上最大的幸福，才能取得最大的成就；只有经历过奋斗，才能取得成功。工作所给你的，要比你为它付出的更多。如果你将工作视为一种积极学习的过程，那么，每一项工作中都包含着许多个人成长的机会。

一个以薪水为个人奋斗目标的人是无法走出平庸的生活模式的，也从来不会有真正的成就感。虽然工资应该成为工作目的之一，但是从工作中能真正获得的东西却不只是钞票。一个人如果总是为自己到底能拿多少工资而大伤脑筋的话，他又怎么能看到工资背后可能获得的成长机会呢？他又怎么能意识到从工作中获得的技能和经验，对自己的未来将会产生多么大的影响呢？这样的人只会无形中将自己困在装着工资的信封里，永远也不懂自己真正需要什么。

为薪水而工作，看起来目的明确，但是实际上是被短期利益蒙蔽了心智，使我们看不清未来发展的道路，结果使得我们即便日后奋起直追，振作努力，也无法超越。而那些不满于薪水低而敷衍了事工作的人，固然对老板是一种损害，但是长此以往，无异于使自己的生命枯萎，将自己的希望断送，一生只能做一个庸庸碌碌的人。他们埋没了自己的才能，湮灭了自己的创造力。

因此，面对微薄的薪水，你应当懂得，雇主支付给你的工作报酬固然是金钱，但你在工作中给予自己的报酬，乃是珍贵的经验、良好的训练、才能的表现和品格的建立。这些东西与金钱相比，其价值要高出千万倍。

当20几岁的年轻人刚刚踏入社会时，不必过分考虑薪水的多少，而应该注意工作本身带给你们的报酬。譬如发展自己的技能，增加自己的社会经验，提升个人的人格魅力……与你在工作中获得的技能与经验相比，微薄的工资会显得不那么重要了。老板支付给你的是金钱，你自己赋予自己的是可以令你终身受益的黄金经验。

工作不要急躁，让自己多点耐心

长期受急躁情绪折磨的人，内心的和谐宁静常常被打破，甚至会出现情绪上的紊乱状态。戒急功近利之心除浮躁之气，戒急功近利之心可增强一个人决策的科学性和预见性，除浮躁之气可以让一个人的判断更加理性。

所谓情商就是测定和描述人的"情绪情感"的一种指标。具体包括情绪的自控性、人际关系的处理能力、挫折的承受力、自我的了解程度以及对他人的理解与宽容。情商低的人不会处世，人际关系紧张，容易急躁或是缺乏理智；而情商较高的人，通常有较健康的情绪，有良好的人际关系，遇事懂得调节自己的心理，容易获得心灵上的放松。

提高自己的情商是形成健康人格的一部分。高情商不是先天生成的，而是在后天不断实践所得。这就要求我们保有一份平和的心态，喜怒哀乐，从容处之。

有一个自以为是全才的年轻人，毕业以后屡次碰壁，一直找不到理想的工作。他伤心绝望，感到没有"伯乐"来赏识自己这匹"千里马"。痛苦愤懑之下，他来到大海边，打算就此结束自己的生命。在他正要自杀时，一位老人从附近走过看见了他，并且救了他。老人问他为什么要走绝路，年轻人说自己得不到社会的承认，没有人欣赏、重用他……

老人从沙滩上捡起一粒沙子，让年轻人看了看，然后甩手扔在了地上，对年轻人说："请你把我刚才扔在地上的那粒沙子捡起来。"

"这根本不可能！"年轻人说。

老人没有说话，从口袋里掏出一颗晶莹剔透的珍珠，也甩手扔在了地上，然后对年轻人说:“你能不能把这颗珍珠捡起来呢？”

“当然可以！”

“那你就应该明白为什么了吧？你应该知道，现在的你还不是一颗珍珠，所以你不能苛求别人立即承认你。如果要别人承认，那你就要想办法使自己成为一颗珍珠才行。”年轻人蹙眉低头，一时无语。

每颗珍珠原本都是一粒沙子，但并不是每一粒沙子都能成为一颗珍珠。想要卓尔不群，就要有鹤立鸡群的资本。忍受不了打击和挫折，承受不住忽视和平淡，就很难达到辉煌。年轻人要想让自己得到重用，取得成功，就必须把自己从一粒沙子变成一颗价值连城的珍珠。

埃及有一则古老的传说：世界上只有两种动物能达到金字塔顶。一种是老鹰，还有一种就是蜗牛。雄鹰能够到达塔顶，是因为它有一双扶摇千里的翅膀；而蜗牛能够到达金字塔顶，靠的就是坚持不懈的执著。如果你是雄鹰，那么恭喜你，你可以不用太过努力就可以轻而易举地踏上成功的峰巅；如果你是蜗牛，那么更要恭喜你，因为你可以靠着毅力爬上人生的最顶峰，而且你还能慢慢欣赏沿途的风景，收获感动。其实，在成功人士中，不乏蜗牛式的人物，新东方校长俞敏洪就是一个典型。

俞敏洪虽然是北大学子，但并不是人们认为的那种天之骄子。他高考落榜两次，直到第三次，他的高考分数超过了北大录取分数线七分，才终于下定决心咬牙切齿填了“北京大学”四个字。结果就被录取了。用三年的时间考上北大这块理想中的圣地，这是“坚持”给俞敏洪的一份恩赐。在以后的道路上，他越来越明白，“坚持”就是上天给他的最大恩赐。就像上帝给了雄鹰翅膀，却给了蜗牛毅力。

俞敏洪刚进入北大时，英语成绩并不好。他在农村读的中学，单词、语法、阅读都没有问题，但是既不会听也不会说，完全是“哑巴英语”。分班的时候，因为英语考试分数不错，就被分到了A班，但是一个月以后，他就被调到了C班——语音语调及听力障碍班。

身在北大的俞敏洪发现前后左右都是智商极高的同学，不是省状元就是榜眼。尽管他每天几乎都要比别的同学多学一两个小时，但是到了大学二年级结束的时候他的成绩依然排在班内最后几名。这种情况一直持续到大四毕业。但是，他不再焦灼，也不再盲目地向谁谁谁看齐，而是看清楚了自己的个性和特点。毕业的时候，他已经有了一个良好的心态。虽然在聪明上比不过周围的同学，但是他发现自己有一种能力，就是持续不断的努力。

在班级的毕业典礼上，他是这么说的："大家都获得了优异的成绩，我是我们班的落后同学。但是我想让同学们放心，我决不放弃。你们五年干成的事情我干十年，你们十年干成的我干二十年，你们二十年干成的我干四十年。如果实在不行，我会保持心情愉快、身体健康，到八十岁以后把你们送走了我再走。"

这就是俞敏洪，没有闪光的外表却有着丰富的内心和持续发展的动力。他是班里的"最后几名"，却同样爬上了人生的顶峰，从而"一览众山小"。而且，他在攀爬的过程中，比那些一举成名的人获得了更多的体验和感受。心灵因为经历而愈益丰富，那颗温柔、饱满的心就是上帝给蜗牛式人物的另一种恩赐。如果你是蜗牛，千万不要在雄鹰的翅膀下自卑，要知道你是上帝特别的恩惠，是大地上一道不可或缺的风景。

在我们相传的故事里，很多驰骋商海的名人似乎都拥有一段令人称奇的故事。这样的事情听闻久了，很多人开始对创业产生出一种"幻觉"，似乎创业是一段令人神往的旅程。殊不知，这些创业英雄们头顶的光环得来并不容易，在他们的背后隐藏着很多不为人知的心酸故事。没有什么成功是一步到位的，成功者在创业之初所经历的磨难，远非一般人所能想象。

1987年，美国一位刚结婚的少妇开了一家饼干店，专门出售自己亲手制作的巧克力饼干。奇怪的是，开张的第一天，店里一个顾客也没有，丈夫十分焦虑，第二天，依然门庭冷落，没有一个客人走进大门，丈夫开始抱怨，对妻子冷言冷语，劝她关门另外找份工作。但是这位名叫菲尔茨的年轻太太很不甘心，于是，她带着饼干走到大街上，拦住过路人让他们免费品尝，没想到很多人尝过之后都觉得非常好吃。消息一传十、十传百，大家开始接受并喜欢上了菲尔茨太太的巧克力饼干。后来，这种饼干竟成为了名牌食品，饼干店也开始朝连锁经营的模式发展。现在菲尔茨的公司已经在全球11个国家拥有了900多家分店，在1996年就获得毛利1.8亿美元。菲尔茨太太后来回想起自己的开店经历，非常庆幸当时能够咬牙坚持下来，否则一念之差，她就不会拥有今天的成功，人生也就完全转变了方向。

一个能走向成功的人，一定承受得起寂寞的洗礼。敢与寂寞开战的人，几乎战无不胜。

蜗牛是渺小的，可它的精神是伟大的。蜗牛用那么长的时间坚持做一件事情，这需要怎样的毅力啊？蜗牛的确行走迟缓，可它不怕慢，抱着梦想，认定目标，一点一点地前进。虽然每一次的努力换来的只是非常微小的进步，但它知道，只要这么努力下去，就一定会成功。在现实生活中，蜗牛式的人物更多，蜗牛式的成功更普遍。有很多名人会告诉你成功的秘诀就是坚持。不管风雨，不管寂寞，不管压迫，而是一如既往地坚持下去……

要懂取舍之道，职场经验穿梭的隧道

俗话说，拿得起放得下，取之有道，弃之有理。人的一生，林林总总会经历多少回数不胜数的取舍，20几岁的年轻人最重要的取舍是职场上的取舍之一就在职场上取舍有道，才能获得更多的职场经验。

取舍在先，抉择在后，抉择取决于取舍的立意，取舍是抉择的前提，看似最终抉择是事情的落脚点，但抉择是为取舍服务的。凡成大事者，哪个不是取舍自定，管他东南西北风，我自岿然不动。

职场上想要获得成功，就必须懂得“舍得”的道理。有舍才能有得，只有付出了，才能得到回报。付出多少，决定了成就大小。

索取有度，知”经验”常乐

常常听见有年轻的员工抱怨来自工作、社会、时间等的压力，使自己身心疲惫。治疗职场疲累的最佳方法就是调整自己的心态，在职场上索取有度，知“经验”长乐。

身体疲惫，通过休息可以恢复；心理疲劳，则需要调整心态。现代的职场人谈“心累”，是对回报的希望值太高了，而实际上，收获常常未能如愿，从而导致心理落差变大，觉得生活亏待了我们。其实，生活并没有错。我们累了，是因为我们想错了。当20几岁的年轻人放下所有的累和对收获的渴求，以一颗平淡的心接受自己拥有的一切工作和生活时，那么生活也就变得云淡风轻了。

“索取有度”是治疗20几岁的职场年轻人心理疲惫的良药。生活对我们不会怀有任何恶意，只是我们把生活当成了敌人，过多地苛求生活，才换来了两败俱伤的结局。由于社会竞争越来越激烈，就业压力越来越大，使职场人士每天都生活在巨大的压力之中。

Candy今年28岁，毕业于某医科大学，第一份工作是在上海一家药业公司做销售代表。去年八月，由于丈夫工作调动，她随丈夫南下来到广州。通过应聘，成功进入了广州一家医药公司继续做销售代表。由于她在销售方面积累了较丰富的经验，很快成为了公司的销售精英。今年三月，公司将她提拔为区域销售经理，负责管理一个十多人的销售团队。Candy是一个责任心特别强的人，对下属的要求也特别高。由于公司每个月都要进行业绩考核，她绝不允许自己团队的业绩比别的团队差。因此每当她看到下属对工作不负责或者不能按时完成任务时，她就感到特别生气。为了完成销售业绩，Candy常常加班加点，不能很好地照顾两岁多的儿子，对此，丈夫不时有一些抱怨。近两个月，Candy越来越觉得工作与家庭很难兼顾，感到压力越来越大。公司又不断地提高销售任务，这些都让Candy更感到吃不消，工作的激情迅速地降温。她曾想辞掉工作，好好休整一下，但一想到儿子刚刚上幼儿园，家里积蓄不多，丈夫收入又不高，很快又打消了这个念头。

造成职业压力的原因是多方面的。例如：企业内部缺乏良好的激励机制、工作中复杂的人际关系、工作强度大、自身的职业定位不正确等。超强的职业压力会给个体的职业发展与健康带来严重的负面影响，在个体身上造成的后果可以是生理的、心理的，也可以是行为方面的。在心理上常见的反应有：焦虑、抑郁、容易生气、注意力不集中、厌倦、压抑等，严重的甚至出现精神疾病；在生理方面反应有：心慌、心悸、高血压、头痛、失眠、过度疲劳，甚至死亡；在行为方面表现为：人际关系紧张、饮食过度或厌食、攻击性强、故意破坏财产、滥用药物，严重的会出现自杀或企图自杀的行为。

上述的种种压力源中，有许多是工作性质本身造成的，有些也是无法避免的，但是我们可以通过调整自己的心态来降低职业压力对我们造成的损害。

1.消除压力源。当20几岁的年轻人感到有压力时，首先要找到压力源，尽可能地消除压力源。如果压力是因为工作量太大造成的，20几岁的年轻人可以通过合理的时间管理来区分工作的轻重缓急，重要的工作马上完成，次要的和不那么重要的可以先放一放，待时间充裕时再完成。

2.改变认知方式。人们对事物的看法决定了我们感受到的压力。采用换位思考可以帮助20几岁的年轻人更好地理解别人，如当你与上级沟通存在障碍时，可以设想一下如果你是上级会怎样处理，这样将有助于与上级更好的沟通。

3.不必过份追求完美。要做好一份工作，讲究的是成效，只要20几岁的年轻人尽了力，而且达到了预期的目标，就无须再一味追求所谓的“完美”。

4.知足常乐。人不可缺乏进取心和奋斗精神，但一味追名逐利反而会得不偿失。只要曾经努力过，且得到了进步，有了收获，就不必过于苛求自己。

5.学会宣泄。当遇到不如意的事情时，20几岁的年轻人可以通过运动、读小说、听音乐、看电影、找朋友倾诉等方式来宣泄自己的不良情绪，也可以找个适当的场合大声喊叫或痛哭一场。

6.寻求资深职业顾问的协助。如果上述的方法都未能奏效，20几岁的年轻人不妨直接寻求资深职业顾问的帮助。资深职业顾问大都具有丰富的咨询经验与深厚的理论功底，他们可以从众多咨询案例的积累中，总结出一些对你有帮助的方法或技巧，让你从压力中解脱出来。

学会取舍，笑对职场得失

职场生活中离不开一道道的选择题，不同的选择会有不同的结果。在面临选择的时候“不要怕”，在做出选择后，不论什么结果你都“不要悔”。20几岁的年轻人要学会取舍，笑对职场得失。

职场总要有取舍。但大部分人不懂如何取舍，或者理智上懂得，情感上却无法支持理智。所以，不取舍，或是被动取舍，或是胡乱取舍，只能给自己的职场生活带来麻烦。取舍之间，还有虚幻与现实。理想看起来是虚幻，但其实不可舍。职场生活看起来现实，但其实不可过于现实。职场中，有些追求是一种需要，这种需要其实是一种弥补，或者是面子工程，这些需要，主要与虚荣联系在一起。这些需要强烈了，人自然就会发虚，在职场上自然不能踏踏实实的做好自己的工作。工作不踏实，内心就无法安稳，由此就会引发一系列的职场问题。

职场生活中有许多时候是要我们取舍的，“舍”，有时表面上看起来令你有损失，但实际上善于“取舍”，往往可以避免更大的损失。做任何事情都不要钻牛角尖，要冷静分析，要巧于取舍，才是最好的办法，才能得到最大的收获。

每个人做出取舍时，出发点都是希望得到自己想要的结果，所以从这一点上来说无论结果如何都不要后悔。因为这些都是自己选择的结果。20几岁的年轻人在职场的选择中必然会犯错误，这其中就包括选择的错误，没关系，错了可以调整。虽然往往并不能重新来过，但毕竟还可以有新的选择、新的结果。人就是在不断的犯错和失误中改善和完善的，直到变得越来越成熟完美。只是在面临选择时人们眼里往往看到“得”的多些，看到“失”的少些，这是需要注意的。20几岁的年轻人要记住，在你关注得到什么的时候同样别忘记了关注会失去什么。还有一点需要注意的是不要太在意一时的得失，要有长远眼光。轻而易举得到的往往并不是最好的，或者是不能够长久的。

在取舍之间笑傲职场陷阱

职场陷阱往往令人防不胜防，尤其是对于20几岁的职场新人来说，刚刚踏入职场，经验不足，更容易踏入职场陷阱。这里，我们就来看看职场里都有哪些陷阱，怎样才能避免误入职场陷阱。

职场上的利益竞争和宿怨倾轧，那可是招招见血的暗箭飞刀，足以令你防不胜防。职场有竞争也有黑幕，就好似一场江湖上不同派系间的血雨腥风，可谓明枪易躲，暗箭难防。人们在疲于应付堆积如山的公务的同时，还要时时处处小心翼翼，步步为营。而职场陷阱就像一片看似风和日丽、婷婷袅袅实则处处布满机关的雷区，一个不留神便会炸你个措手不及。20几岁刚入职场的年轻人一定要注意以下一些职场陷阱。

1.切勿轻信他人

职场是一个利益交换的场所，品德好的人往往树敌众多，而坏人却顺风顺水。你可以不学坏人那样去害人，但至少要有保护自己的能力。别人要来害你，最简单的方式是利用你的善良，其次是利用你的轻信于人。20几岁的年轻人要明白，在职场中，信任往往应该有尺度。站在自己的立场上，守住应该有的利益，相信应该相信的话，这才能工作得更好。

2.掌握你命运的人是老板

职场是一个用权力来划分等级的地方，拥有最高权力的老板，完全掌握了你的命运。而你的直属上司则部分掌握你的命运。其余的同事们，他们只是掌握你的情绪而已。谁掌握老板就等于掌握了别人的命运。而如果你老是被情绪控制，则等于把自己的命运交到同事手里。要不被老板控制是很难的，但至少，你要学会不受同事的影响。

3.做得多有时不如说得多

在职场里，有些人明明做了很多，却不懂表现，以至于没人知道，甚至功劳最后都被人抢走，这种人就算累得半死，也是不会有半分功劳的，因为上司压根儿看不见这种人。而另一些人，事情还没做，就先说得天下皆知。于是不管他们做不做得成、有没有做，都成了领导眼里的红人。职场的现实就是这样，做得多不如说得多，做得好不如说得好。

4.不为小事生气

20几岁刚踏入职场的年轻人，很容易为小事情生气。然而，小事情往往是最难分出对错的，把大量的精力纠结于此，弄得天怒人怨，最后还不了了之。实际上，小事情并不会改变职场命运，就算争赢了也不会得到什么好处。相反，过于纠缠细节，会得罪许多人，也会让同事对你的好感降低。

5.所有想混日子的人，都会被工作忙到累死

在职场里，老板给你钱换取你的劳力，获得薪水的同时，你就必须要干活。

6.不是每个机会都值得尝试的

20几岁的年轻人在职场里最大的问题并不是要不要往上爬，而是如何抵御诱惑。许多人不是没有机会，而是机会太多，不晓得如何选择。职场里的机会，至少有一半是陷阱，它们不是在帮你，而是拖住你前进的步伐。所以，当机会来临的时候，20几岁的年轻人一定要弄清楚，这是在推你，还是在拉你。

7.别做职场里最聪明的人

20几岁的年轻人要记住，别怕做职场里最笨的那一个，但千万别做最聪明的人。有些刚入职场的年轻人没有自信，就怕自己是人们眼里最笨的那个。事实上，职场里混得最差的，通常不是最笨的，而是那些自以为很聪明的。每个人对自己智商的评估，应该打一个对折后再打一个对折，这才比较安全。而笨人虽不能爬上权力的高峰，却可以在职场里找到安身立命的地方。可自作聪明的人，却往往会被人排挤，成为先失败的出头鸟。所以，聪明有时是一种很危险的状态，笨反而更安全。

"职场陷阱"如今被频频提及，遭遇"职场陷阱"你会怎么办呢？"求职安全系数"调查显示，66.64%的受访者表示会"做好充分准备，主动武装自己"；也有23.97%的受访者"临时抱佛脚，遇到了再想对策"；更有8.74%的受访者表示迫于生计"顾不得危险了"，明知是陷阱也只能跳了再说。20几岁的年轻人在职场上要防止走进职场陷阱，就要戴好"安全帽"防风险。

首先，职场防"雷"忌"三心"。第一是贪心，年薪几百万的职位想想就让人流口水，也不管自己是几斤几两就去碰运气，就此中招；第二是急心，急于找工作的心理让一些人找到了借机骗财的机会，这些人以报名费、服装费、培训费、证件费等各种名义收取应聘者的费用后便人去楼空；第三是糊涂心，眼下工作难找但并不等于"拉到篮里都是菜"，求职者要对自己的职业发展脉络有个清楚的构想，如果仔细研究还是能看清虚假招聘中的大多数猫腻。

其次，"望闻问切"辨真相。"望"即是运用自己的视觉，观察公司外部环境和人员情况，办公所在地的环境、公司人员的基本素质，这些摆在眼前的东西要"眼观四路"。"闻"即是通过听觉以及资讯手段了解公司经营发展概况，当然不能光听一面之词，而是要"耳听八方"，尤其是那些无法通过网站追踪其踪影的小公司，不如装作若无其事的样子和前台、保安或样子比较“嫩”的小职员聊天“套瓷”。“问”即是向亲友进行有目的的询问。“切”即是直接交手试探虚实。雇主油滑你就“切”个擦边球，雇主态度缓和你就“按一掌印”，雇主谨慎你就触个皮毛。如果真遇上不法雇主了，要敢于扣住他的脉门缠斗到底，切不要忍气吞声。

升职和经验之间自有取舍

在职场中，“索取”是一种本事，而“舍得”是一门哲学。没有能力的人是所取不足；没有通悟的人，则是舍不得。20几岁的年轻人想在职场中成长起来，就是要不断做出取舍的抉择，那么，在一些诸如升职与积累经验等重大职场问题上，20几岁的年轻人应该如何取舍呢？

舍得舍得，有舍才有得。因为每个人的时间和精力都是有限的。如果被一些无意义的事情占据了，人生就注定只能碌碌无为。所以，成功的人往往是明智的，他知道自己想要的是什么，所以会愿意去放弃一些东西，争取另一些东西。这也就是为什么他们能够胜过那些犹豫的、意志不坚定的、懒惰的人，而最终取得成功。

所取与所舍源自我们内心对生活的渴望，因为取舍，人生永远有缺憾也永远有绚烂，怎么看怎么对待是20几岁年轻人的生命所必须经历的磨难，也是20几岁年轻人的生命所必然拥有的收获。这，其实也是取舍，取合我意而非我能的意念，把自己的人生观向快乐倾斜而去。

“升升不息”是每个职场人心照不宣的信条，对于职场人来说，渴望升职是天经地义的事，有人甚至削尖了脑袋要往上“升”。但在某些情况下，升职未必就是好吃的“馅饼”，相反，它可能会给你的职业生涯带来危机。如果有一天你的上司通知你升职了，你是否会当机立断，对升职说不呢？拒绝升职，你又有什么理由呢？

中专毕业的闵娜经人介绍到福州某化妆品公司当了一名文员。由于专业对口，加上自身的勤奋努力，闵娜工作起来得心应手，和同事相处的也十分融洽，半年后，她被任命为行政经理。本以为辉煌的晋升之门由此开启，但很快，闵娜就陷入苦恼和困惑中，她发觉自己根本不懂得如何管理下属，自己原来的那一套现在也完全用不上，“原来和同事搞好关系是靠讨巧卖乖，或是做出一些小牺牲，但现在行不通了，再说，一些同事的学历比我高，工作经验比我丰富，面对他们，我真是不知所措。”工作经验及管理知识的欠缺让闵娜工作起来疲惫不堪，而且当上小领导后，同事逐渐疏远她。“好怀念以前当文员的日子。”最后闵娜辞去了部门经理的职位，又当上了文员。

由于突出的工作表现，闵娜被提拔为管理层，但她没有受过管理方面的培训，既没有管理知识，也缺乏管理经验，成为管理者之后，她的能力与职位要求存在差距，这使其对职位产生畏惧心理；同时，闵娜也不适应升职后同事成为属下的“心理落差”。当然，管理人员所需要的能力和技巧并非短期内可以获得的，职场如战场，要想适应更高的职位，要想继续晋升，只能从基础做起，从头开始，好好培养自己的能力。

没有人生来就是做管理者的，很多人拥有管理潜能，但这种管理潜能在普通的岗位上未必能体现出来，这就需要靠领导的提拔及时间、经验的历练。因此，升职的员工必须学会应对突然发生的工作变化，调整工作状态才是最主要的。别忘了，只有舍，才能得。这次放弃，恰恰是为了今后得到更多。俗话说：“夯实地基好建楼。”打好坚实的知识基础，对于创建事业的高楼大厦大有裨益。20几岁的年轻人在入职5年左右的时间内，所面临的往往是“先打地基”，还是“先建楼”的问题。“升职”与“积累经验”所耗费的时间和精力你应该好好权衡，选择“积累”则可能与升职的机遇擦肩而过，所谓“鱼与熊掌不可兼得”，说的就是这个道理。因此，每个年轻人都应当分清主次，择其一而行。

第七章

20 几岁该挣的不只是薪水，是竞争能力

现代的职场生活离不开竞争，20 几岁的年轻人在职场生活中要懂得竞争之道，在竞争中提升自己，发展自己。相较于薪水，提高自己的竞争能力才是 20 几岁的年轻人在职场生活中所应该追求的。20 几岁的年轻人在职场生活中要提高自己的竞争能力，就要学会从容面对竞争对手，学会欣赏竞争对手，同时在竞争时要保持君子的风度，直面竞争对手，争取双赢，同时 20 几岁的年轻人也要超越自己，战胜自己，这样更有助于自己提高个人的竞争力。

竞争可成就也可毁灭一个人

竞争可以让20几岁的年轻人脱颖而出，更好地实现人生价值。但竞争可成就一个人也可毁灭一个人，如果不择手段，采取一些不正当的竞争手段只能是害人害己。

竞争虽然给人带来压力，但同时也激励人们。如果20几岁的年轻人没有竞争的压力，那么就会被时代所淘汰，被他人所取代。在竞争激烈的职场，即使得到了心仪的工作，20几岁的年轻人也不能有丝毫的放松，因为竞争总是无时无刻不存在的。一个人在职场中的竞争力，简单来讲，就是他能不能在社会中安身立命的根本能力。所以，即使拥有了这份工作，也不要忘记了充电，英语、会计证、报关员这些证，你是否都有了？你的能力是否在工作中不断提高？你是否成为了上司眼中有潜力的星级员工呢？

举一个反面的例子，重量级拳王泰森，正是因为他的威名，所以没有人能给予自己信心来与他（泰森）竞争，因而他沉醉在鲜花与荣誉当中，走上了不归路。难道说没有竞争是好事？不，不光是泰森，社会上千千万万的人都过于自我沉醉，不知努力，因而在竞争来临的时候被打倒。

再举一个例子，世界首富比尔·盖茨在成为企业家之后，还是面临着各种竞争。各种电脑制造的新设备，各种软件的不断升级，使他面临的竞争不计其数，可他从不因自己的公司声名在外而松懈，而是不断推出新品种的软件、设备，与他人竞争，所以才让微软公司日益壮大，微软公司的产品从不落后于他人。

也正是因为竞争才能有更好的人才出现，虽然你有时看不见竞争，但竞争却是无处不在的。20几岁的年轻人的成功是要靠竞争来成就的。竞争是人向上的不竭动力，竞争是选拔人才的最佳方式，竞争是完善自我的根本途径。

在非洲的一个草原，每天早晨斑马一睁开眼，想到的第一件事就是：我必须跑得更快，否则，我就会被豹子吃掉；而同一时刻，豹子从睡梦中醒来，首先闪现在脑海里的是：我必须跑得更快一些，追上更多斑马，要不然我就会饿死。于是几乎同一时刻，斑马与豹子一跃而起，迎着朝阳竞跑。

生活显然不像斑马与豹子般弱肉强食，但竞争是不可避免的。你看江河湖海，到处都是千帆竞渡。你看城市乡村，处处都是行色匆匆的芸芸众生，生活是公平的，在人生的每一道驿站、每一瞬间，我们若消极懈怠，不思进取，必将被时代抛得老远，或是淘汰出局。因此，无论你是斑马还是豹子，每当太阳从东方升起的时候，就应该毫不犹豫地向前奔跑。

但竞争并不意味着不择手段，盲目地竞争只会使自己陷于孤立，甚至损害别人的利益，竞争的目的在于使双方共同促进、提高，而不在于更加封闭和敌视。如果长期下去，这样必然会使你变得孤僻，不可一世。你的身边也不会有知心朋友，成功也将离你而去。“良好的竞争心理，正当的竞争精神，是使事业成功、督促个人向上的动力。”

从容面对，学会欣赏竞争对手

欣赏竞争对手，是为自己铺路。20几岁的年轻人如果没有向竞争对手学习的心，就会缺少认识自我的机会，缺少自知的能力，这样很难改进自身缺点，发挥优势，取得晋升。

采用什么样的态度对待你的竞争对手，看起来好像是一件小事，但却决定了一个人的成败。适当的竞争能够促进一个人的快速成长，也能够促进一个人从各个方面不断成熟起来，这一切的关键是你对竞争对手持什么样的态度。与对手竞争时，要抱着欣赏对手、向对手学习的心态，从某种意义上讲，欣赏对手比打击对手更有效。

竞争对手就是一面镜子。古语说得好："以铜为鉴，可以正衣冠；以古为鉴，可以知兴替；以人为鉴，可以明得失。"竞争对手不仅是你面前的一堵玻璃墙，更是一面镜子，它能够帮你照到自己，通过竞争对手来看清自己的优缺点。也许，你的竞争对手的现在可能就是你的未来，他的缺点就是你要规避的问题，他的优点就是你要学习的长处，他的成绩就是你要超越的目标。

在中国围棋界，没有谁会怀疑常昊的实力。他位列中国围棋棋手等级分第一名，国内大赛的冠军头衔几乎多得数不过来。但在中国棋迷心目中，人们总是自然而然地拿常昊与韩国超一流棋手李昌镐进行比较。常昊与李昌镐，一比之下竟发现差距如此之大，非常昊不为也，是功力不到不能为也。

1998年8月的富士通决赛，常昊惨败给了李昌镐。从此，常昊逢李昌镐必输，接连三年不得翻身。常昊后来回忆说："那一阶段，我无论在国内还是在国际，都连续输掉了很多盘棋。尤其是对李昌镐的时候，有机会的棋，抓不住；没有机会的棋，更是输得一泻千里。"

在强大的竞争对手面前，常昊痛定思痛，没有退缩畏惧，他勇敢地面对现实，从竞争对手身上寻找自身的弱点。他觉得自己虽然属于那种棋风厚实，大局观较好的棋手，但却缺乏一种精妙的算度与稳若泰山的霸气。

与李昌镐相比，每每到关键时刻，自己的算度总是要出现一些偏差，在劣势面前难以力挽狂澜。由于对李昌镐的"赤字"太多，处在冲击地位的自己输得越多，就越想通过胜利来证明自己，而越想得胜，就越不能在比赛中笃定心神，就越容易出错，也就离胜利越远，如此陷入恶性循环之中。所谓"无欲则刚"，在以往和李昌镐的交锋中正是由于自己内心掺杂着太多的"欲念"，才在对局过程中心态失衡，要么患得患失；要么急躁冒进，全然不见平日那份沉稳坚韧。如果说竞争对手是一面镜子的话，那么在李昌镐这面镜子前，自己"顾影自怜”，显示出了脆弱和不够成熟的一面。

通过分析和学习，常昊认识到自己与竞争对手之间的差距，找到了失败的原因，然后努力改正自己的缺点和不足，揣摩竞争对手的优势。2001年11月9日，经过三年磨炼，常昊终于战胜竞争对手李昌镐，首次杀进了三星火灾杯决赛。

三星火灾杯赛前，常昊的心态平静而不失锋芒：“就好比两个人决斗，一个人的刀还没有拔出来，就被对方杀死了。这样不行，至少我的刀要出鞘！”果然，常昊拔出了他的刀，一举拿下了这场比赛，战胜了竞争对手李昌镐。

这件事情说明，从竞争对手这面镜子身上发现自己的缺点与不足后，再去努力纠正，奋发向上，这样就可以完成人生以及事业的大逆转。敢于学习，敢于从竞争对手身上发现自我，超越自我，这才是竞争对手带给自己的真正力量。

职场上，人们惯用一句话来形容竞争对手之间的关系，那就是"谁升起谁就是太阳"。在职场中，人们往往把竞争对手看作自己前进路上的障碍，看作前进中的一堵墙。是墙不错，但如果20几岁的年轻人换种心态，换个看问题的角度，把这堵墙看成玻璃墙，甚至一面镜子，时时刻刻照照自己，你可以从竞争对手那里看清自己的一切。看到竞争对手的缺点，你就明确了自己要规避的问题；看到竞争对手的优点，你就了解了自己需要学习的长处；看到竞争对手的成绩，你就找到了自己要超越的目标；看到竞争对手的现在，你就联想到自己的未来。

20几岁的年轻人只有学会欣赏竞争对手才能向竞争对手学习 。懂得欣赏竞争对手，才能更多地发现别人的优点，才能从他们身上汲取提升自己的能量。要知道，他之所以成为你的竞争对手，一定会有许多你所不具备的特质，这些特质使你们势均力敌，彼此成为竞争对手，那么如何“择其善而从之”，学习他的优点呢？

吴敏去一家著名的广告公司求职，顺利地通过了第一轮测试，成了十名入围者之一。第二轮测试内容很简单：让每位入围者按要求设计一件作品，并当众展示给另外九人打分，写出相关的评语。

吴敏按照要求设计完作品，然后给其他人评分，此时，他的心情非常复杂，因为其中三人的作品特别突出，不在自己之下。怎么办？实话实说还是借机打击竞争对手？经过激烈思考，他决定给他们打高分，并且写下了赞美的评语。他人胜过自己，意味着自己有可能被淘汰出局，可是令吴敏没有想到的是，他入选了！他胜过了比他优秀的三个人，成为唯一的入选者。这是为什么？

后来，吴敏听到该广告公司总裁的一番话，猛然醒悟。总裁说："入围的十人可以说都是佼佼者，专业水平都较高，但公司更为关注的是，入围者在相互评价中，是否能够彼此欣赏。因为，庸才自以为是，看不见别人的长处，这倒情有可原，但若对对方视而不见，那就显得心胸太狭隘了。严格意义上说那不叫人才。落聘的几位虽然专业水平不错，但遗憾的是他们缺乏彼此欣赏的眼光，而这点有时比专业水平更重要。"

面临时下日趋激烈的竞争，20几岁的年轻人在与竞争对手竞争时，如果没有宽广的胸怀，不能正确看待和处理与竞争对手的关系，那么道路只能越走越窄，最后走上自我封闭、自我淘汰之路。而抱着欣赏竞争对手，向竞争对手学习的心态，学习竞争对手的长处，以竞争对手的长处来弥补自己的短处，这样自然就可以提高自己，最后战胜竞争对手，走上成功之路。

由于人本性的原因，是我们看到别人的成绩比自己强时心里总是酸酸的，这是正常的心理反应，但20几岁的年轻人一定要坦然面对，要学会应付这种局面。因为你的成就对竞争对手而言也是无奈的，这是最基本的常识。天生我才必有用，每个人都有独特的才能，你也有别人所无法比拟的成就和特色，这就是无论是自然界还是社会能相互共存的、微妙的平衡关系。反过来，你欣赏了别人，别人才会欣赏你，人们之间不是没有矛盾，人们之间也不是百分之百的和谐，这种和谐都是建立在相对基础上的。和谐与不和谐、竞争与共存是同在的。站得高一点讲，就是用中庸之道求得平衡，不偏不倚，在适度中求得生存、谋得发展。

竞争有道，保持君子风度

在竞争日益激烈的环境中，职场中的潜规则也愈发多种多样，但无论其形式怎样变化，职场中竞争的规则是经久不变的，那就是竞争有道，保持风度。

办公室中只有两种人，即领导和下属，也就是我们常说的主角和龙套，职场人想要过得轻松，不想往上爬，那就只能做一辈子的龙套。做龙套的坏处就是：送死你先去，功劳全没有，裁员先考虑。现在的职场绝不是养懒人的地方，你要比别人生存得好，就唯有当主角，让别人去做龙套。你不能踩着别人肩膀，就只能做他人的垫背。

在当今竞争日益激烈的人才市场中，20几岁的年轻职场人只有打造出自己的核心竞争力，才能不被市场所淘汰。所谓个人核心竞争力，也就是不易被竞争对手效仿、具有竞争优势、独特的知识和技能。

职场核心竞争力的构成主要包括三个方面：一是准确的职业定位，二是综合能力与资源，三是超强的执行力。职场人打造核心竞争力的目的就是为了增强个人的竞争优势，让别人无法取代。20几岁的职场人要打造在职场中的核心竞争力，需要把握好这三点：

1.准确的职业定位

职业定位是通过职业取向系统、商业价值系统、职业机会系统三大因素来确定你的最佳职业选择，即你最喜欢做的是什么工作？你最擅长的是什么工作？你认为最有价值的工作是什么？找到了这三个问题的答案，那么20几岁的年轻人的职业定位将会有大体方向。职业定位是否准确，将直接制约着个人核心竞争力的发展。

2.优秀的综合能力

一般来说，职场人士的综合能力包括语言表达能力、信息处理能力、解决问题能力、人际交往能力、组织管理能力、领导能力、公众演说能力等。其中还有资源问题，即个人所掌握的知识和信息总量，达到的学历水平，以及人脉存折，即个人所拥有的社会人际关系。20 几岁的年轻人的资源越丰富，能力越强，个人核心竞争力相应也将越加强大。

3.超强的执行能力

所谓:“言必行，行必果。”20 几岁的年轻人必须让自己做一个时间管理的高手，看好了想好了就立即行动，不要错失良机，不浪费过多考虑的时间，在最短时间投入大量的有效行动，出色完成本职工作，主动分担同事的工作，及时解决困扰老板的问题，为公司创造最大的财富。通过打造自己使自己拥有不可被取代的能力，相信 20 几岁的年轻人的个人核心竞争力必将不断得到提升。

核心竞争力是职场人生存的法宝，也是体现其价值的重要途径，因此，无论 20 几岁的职场人处在什么样的岗位，也无论是在什么样的企业，都应该提高自己的核心竞争力。

不管竞争升级得多么的白热化，20 几岁的职场人都要时刻保持清醒的头脑，千万不要被拖下水，更不能暴露你急躁的一面而使自己形象受损，如果说技巧上的东西可以学习和掌握的话，心态上的平和则是体现你的修炼和涵养了，这不是一朝一夕就可以习得的，尤其对于涉世不深的年轻人来说，这项修炼更为不易。

在竞争中，当陷入利益的冲突和对手的挑衅时，20 几岁的年轻人容易暴露自己的缺点和弱点，所以切莫让自己意气用事，越是有波折的时候就越是要稳住自己，不管在什么情况下，都没有必要和自己的竞争对手发生正面的冲突，即使能解一时之气，清醒时你势必后悔，想想刚才自己的所作所为会被办公室的好事者作为饭后茶余的谈资，并且怎样的添油加醋，不仅如此，传到你的上司那里，他会怎样看待你的冲动之举？争一时之气，换来的只能是更消极的结果和负面评价，而且会使你的档次也沦落到跟对手平级的地步，甚至还不如。20几岁的年轻人只有以委婉又不卑不亢的态度方式化解与对手的正面冲突，方能显示你的处理人际关系的成熟，也体现了你的气度。

直面竞争对手，争取双赢

职场里的同事既是对手，又是同盟。当我们面对晋升、加薪等机遇而变成竞争对手时，20几岁的年轻人需要做的是直面竞争对手，抛开杂念，不耍手段、不玩技巧，争取与同事公平竞争的机会，争取双赢。

竞争是生物界里一个不可缺少的进步因素，拉马克的“用进废退”理论、达尔文的“物竞天择、适者生存”学说都证明了竞争的不可避免性。竞争是生物与生物之间的关系之一，也是经济学上推动市场经济发展的推动力。

有一个别出心裁的故事《新龟兔赛跑》：乌龟和兔子几经较量，成了“对手”，也成了朋友。在第四次比赛中，他们联手合作，过河时，乌龟背着兔子过；上路时，兔子背着乌龟跑。最后，他们同时抵达终点，双双赢得了比赛的胜利。

在传统的比赛中，大家只顾发挥自己的特长参加比赛，而忘了和对手相互间取长补短的合作，一心只想着个人的成功，被个人的利益所迷惑，从来没想到可以像龟兔第四次赛跑一样，进行对手间的合作和夺取竞争双方的双赢。当然，在现实生活中，这种对手间的合作可能“说易做难”。因为在常人的理念中，谁愿意把成功的机会留给对手呢？但之所以倡导这种“对手合作”，是因为从《新龟兔赛跑》的故事里我们可以悟出这样一个道理：两个人的成功永远要比一个人成功好！

与同事交往不是变戏法或耍心眼，只要你无私地善待别人，大多时候别人也会以同样的方式回报你。尤其是现代的交际网络，那是平等主义的天下。因此，20 几岁的年轻人要想不被同事所孤立，最有效的办法就是用真诚与同事结盟。在工作中，一个能正确处理好竞争关系并与同事真诚相处的人，天长日久，他肯定会赢得同事们的一致推许。

如果每个人都能把建立良好的同事关系当成生活中的一种追求，把维护良好同事关系当成一种责任，把平等作为一种义务，在与同事交往时自觉注意自己的言行，求大同存小异，充分尊重别人的兴趣和爱好，容得下别人的一些细枝末节，对同事不求全责备，20 几岁的年轻人就能与不同性格的同事友好相待。

要说职场如战场，虽有些夸张，但也不无道理。不同的是，职场里的同事既是对手，又是同盟。当需要共同完成一个项目而成同盟时，20 几岁的年轻人需要做的是友好、携手、合作，然后实现双赢。

不要错过你的竞争对手

竞争对手是 20 几岁的年轻人的老师和学习的榜样，20 几岁的年轻人不要错过你的竞争对手，要全面衡量彼此的长短，知己知彼，改进并提高自我各个方面的水平。

对手是自己的压力，也是自己的动力。往往对手给自己的压力越大，我们由此而激发出的动力就越强。尤其在竞技场上，没有了对手，也就没有了活力。所以 20 几岁的年轻人无论成功还是失败，都不要忘了感谢对手，因为是他，和你一起追逐、一起攀登、一起较量、一起腾飞。

很久以前，挪威人从深海里捕捞的沙丁鱼，还没等运回海岸，便都口吐白沫，奄奄一息。渔民们想了很多的办法，但都失败了。然而，有一条渔船却总能带回活鱼上岸，所以他卖鱼的价钱也比其他渔夫要高出几倍。后来，人们才发现了其中的奥秘。原来，这条船是在沙丁鱼槽里放进了鲇鱼。鲇鱼是沙丁鱼的天敌，当鱼槽里同时放有沙丁鱼和鲇鱼时，鲇鱼出于天性就会不断地追逐沙丁鱼。在鲇鱼的追逐下，沙丁鱼拼命游动，激发了内部的活力，从而才活了下来。

达尔文在他的《物种起源》一书中说：物竞天择，适者生存。动物、植物之间都有竞争，何况我们人类呢？随着社会的不断发展，竞争也在愈演愈烈，要想在当今社会上立足，20几岁的年轻人必须拥有自己立足的资本，同时也要有一个竞争者。在辽阔的草原上，鹿和羊这些动物为什么能在辽阔的草原上继续生存下去，而没有被草原淘汰呢，这是因为草原上还有比它们更加强大的动物。就是因为有狮子、老虎这些食肉动物的存在，鹿和羊这些动物不得不时刻保持警惕，它们必须做好与狮子、老虎做斗争的准备。它们为了能够在草原上生存下去就不得不奔跑在草原上，同时也在不断的训练它们的体能与速度。这样才能够使自己更加的强壮。

人生的道路上需要竞争者，这是每个人在人生道路上必须拥有的，有了竞争者人才能有斗志，人才会有成功。20几岁的年轻人可以把竞争者当朋友，也可以把他当敌人。但20几岁的年轻人不能不要这个朋友或敌人，因为他是你成功的见证人。

竞争是辩证的，它在导演一幕幕胜者喜剧的同时，也无情地谱就了一曲曲败者的悲歌。它一面激励着人们奋发进取，另一面又给人施加巨大压力，使人经常处于与对手的挑战之中。成为对手的，幼时是邻里伙伴，接着是同学、同乡，随着事业舞台的加高拓展，对手的队伍也随之扩大。既是对手，就有利害之争。这些竞争都属于内部的竞争，在根本利益上是一致的，因此，竞争对手之间更有相互依存的一面。非洲草原上曾生活着一种鹿，世代处于狼群的威胁之下，擅长奔跑，健壮无比。后来人们为了保护它，将狼清除出草原。始料不及的是，鹿从此懒散起来，在无忧无虑中患起富贵病，整个种群渐渐退化。由此类推，人一旦没了对手，生活与工作将失去激情和动力，社会将失去生机。

是谁让20几岁的年轻人走向成功？是竞争对手。因为对手是20几岁的年轻人获取成功的陪练，是他们失利时的良师。20几岁的年轻人的成功离不开竞争对手的陪伴和激励，因此20几岁的年轻人一定要善待和宽待竞争对手。20几岁的年轻人只有不断让自己的实力更雄厚，勇敢地参与各项竞争，才能立于不败之地。

把对手成功转化为朋友

其实无论是有成就的名人，还是普通人，都时刻生活在同一个竞争的环境中，你要给自己一定的压力，有了压力，才会有动力。不要把对手看作你的敌人，对手不是你的绊脚石，而是促使你进步的朋友。

对付敌人最好的方法不是打败他，而是友好地站到敌人的身边去，把他变成自己的朋友，促使自己进步，从而实现双赢。

1957年默默无闻的约翰在一次小型演出中认识了十五岁的保罗·麦卡特尼，演出结束后保罗批评约翰唱得不对，吉他弹得也不好。约翰很不服气，于是保罗用左手弹了一段漂亮的吉他，向约翰展示了他的才华，而且他能记住所有的歌词，这令约翰很震惊。与其让这小子成为自己将来的敌人，还不如现在就邀请他入团。就在这一天，二十世纪最成功的音乐组合——Beatles产生了。

约翰·列农是聪明而有远见的：在竞争对手成为敌人之前，快步上前站到他的身边，把他变成自己的朋友。

在一本外国杂志上，曾有这样一篇故事：

一个国王召集卫队里最优秀的武士去对付一群袭击国民牲畜的野狼。前几名武士回来了，他们不是在消灭了一部分狼后受了重伤，就是射杀了狼的首领吓走了狼群。而又一位武士回来后身边跟了一只安静温驯的狼。原来他花时间观察后发现与其说野狼凶残不如说它们很饥饿，因为那个冬天很寒冷，狼的食物变得极其稀少。于是武士每天给野狼带去一些食物，逐渐把它们引离国土，到了一个山谷里，那里气候相对温暖，食物也相对多些，还有一条饮水的河。而这只野狼是因为帮助武士打败了黑熊救了武士一命，成了武士的朋友，彼此友好。武士决定今后悉心照顾它，而不是试图用武力去强迫它、征服它。

文章的最后说得很好：有时外在的威胁是虚幻的，它们只是我们自己内心深处恐惧的反应和表现。在我们的内心也同样生活着野狼，我们除了去杀戮，还可以选择倾听和驯服，把我们心中的野狼变成一个伙伴。这是一个比争斗更加光明的选择，它获得的是双方的和谐与友爱。

每天，当太阳升起来的时候，非洲大草原上的动物就奔跑起来了。狮子妈妈对自己的孩子说："孩子，你必须跑得再快一点儿，你要是跑不过最慢的羚羊，你就会被活活地饿死。"

在另外一个场地上，羚羊妈妈也在教育自己的孩子："孩子，你必须跑得再快一点儿，如果你不能跑得比最快的狮子还要快，那你就肯定会被它们吃掉。"

于是，几乎同时，羚羊和狮子一跃而起，迎着朝阳跑去。

一种动物如果没有对手，就会变得死气沉沉。同样，一个人如果没有对手，那他就会甘于平庸，养成惰性，最终庸碌无为。

从某种意义上来说，生命就是在赛跑，你跑得快，别人跑得更快！有时候，将我们送上领奖台的，不是我们的朋友，而是我们的对手。

孟子说："入则无法家弼士，出则无敌国外患者，国恒亡。而后知生于忧患而死于安乐也。"奥地利作家卡夫卡说："真正的对手会灌输给你最大的勇气。"这些无不说明了一个简单的道理：人需要朋友，人也需要对手。朋友可以从感情上带来最好的鼓励，对手则可以从理智上带来最深的刺激。善用对手给你的刺激，可以激发人的潜能，从而获得成功。

如果说挫折是汹涌的波涛，那么对手就是一面昂扬的帆。它骄傲地屹立在风雨间，激励着你，通向成功的彼岸。如果说荣誉是一把得意的火，那么对手就是一瓢无情的冷水，时刻泼醒你骄傲的心。如果说困难是一把坚硬的锁，那么对手就是一把金钥匙，帮你开启成功的大门。有了对手，才有了奋斗的乐趣，才能将心中的痛转化为战胜困难的勇气。

有时候，表面上看来，你从对手身上得到的学习机会，没有那么直接、明显。然而，仅仅是承受他带给你的压力，就是很宝贵的机会，可以对你的成长起到很大的助益。不要随便把对手视为敌人或仇人，加入太多情绪化的东西，只有这样，我们才可以冷静地观察对方，客观地审视自己；也惟有这样，才能从交手的过程中学到东西。

但是，很多人无法用理智的眼光看待自己的对手。在荣誉面前，往往只是看到自己的利益，仿佛眼睛里进了沙子，容不得对手的成功。于是身边常出现"既生瑜，何生亮"的感慨。孰不知：有了对手，才会有危机感，才会有竞争力。有了对手，你便不得不奋发图强，不得不革故鼎新，不得不锐意进取，否则，就只有等着被吞并、被替代、被淘汰。

只有一个人的比赛是孤独的，拥有一个强劲的对手，反倒是一种福分、一种造化。所以，好好珍惜对手吧，谢谢他在人生旅途中的陪伴，谢谢他一直激励着你勇往直前。你会发现：两个人的精彩创造奇迹。

超越自己就超越了对手

人最大的对手就是自己，战胜自己要比战胜别人难得多。20几岁的年轻人要想超越职场的对手就必须先战胜自己、超越自己。

20几岁的年轻人要在职场上取得成功，首先就要超越自己。人生在世，最大的敌人不一定是外来的，很可能就是我们自己。因为犹豫、拖延的毛病有些年轻人总是难以把握机会；有些年轻人容易满足现状，因为没有更高的理想；有些年轻人不敢面对未来，因为缺乏自信心；有些年轻人不是不能突破，而是不想去突破；有些年轻人无法发挥潜能，因为不能超越自己！

一位哲人说过："一个人最大的对手就是他自己！"战胜自己要比战胜别人难得多，20几岁的年轻人要战胜自己，需要勇气，要有坚韧不拔的意志，要有坚定不移的信念，要有在逆境中成长的信心，要有在风雨中磨炼的决心。战胜自己并非易事，所以20几岁的年轻人要培养战胜自己的目标、决心、能力及克服困难的勇气。20几岁的年轻人要超越自己，就要超越自己心里的贪婪，超越自己心里的恐惧，超越自己对自己的怀疑，人永远不可能凡事都做到绝对的正确，因此要积极的面对一时的挫折，冷静的面对一时的赢利。

人的一生有太多的梦想和目标，然而一一实现起来却非常困难，人生不过短短几十年而已。20几岁的年轻人要过好每一天，因此在满足中超越自己非常重要，学会超越自己，就是要敢于向自我挑战，超越自己是一个改造自己、完善自己的过程，要经过长期工作的实践，需要20几岁的年轻人付出艰苦的努力。古人说过"修身齐家治国平天下"、"吾日三省吾身"。从某种意义上讲，说的就是超越自己、征服自己。超越别人并不重要，超越自己才是最重要的！20几岁的年轻人如果能合理激发并运用自己的智慧、工作潜能，这些都将助你成功一臂之力。

在中国IT界的成功企业家里，郭可尊无疑是个特例。她不仅仅是AMD全球持续发展最倚重的女人，同时也是国内IT领域最具影响力的人物之一。

郭可尊不仅完成了从一个女科学家到女CEO的巨大转变，并把一家跨国公司的中国业务做大做强。歌德曾经说过"性格即命运"，郭可尊的成功之钥，来自她勇于挑战的个性。

2002年，郭可尊接手AMD中国业务时，很多人并不看好，大家都认为挑战英特尔几乎是不可能完成的任务。她也犹豫过，但勇于向前的个性让她最终接受挑战："我应该去尝试、去挑战一下自己。"

郭可尊一直相信，只要不懈努力，就会有收获，因为她的出发点是"合作共赢"。

在她的"中国情结"感召下，AMD总部也慢慢接受了中国的"和"文化，向中国转让当时美国政府允许出口的规格最高的X86处理器技术。这些被外界评为极具前瞻性的大手笔，靠的是郭可尊历经并参与改革开放30年来中国IT产业实现跨越式发展中的深刻洞察和感悟。

郭可尊接受记者采访时不喜欢泛泛而谈，科学家的严谨让她说出来的每一句话都切中要害、耐人寻味。在谈到年轻人怎样才能成功时，她说，要勤奋、要坚持、要敢于挑战和超越自己。

面对生活，有的人因为曾有过失败，便不敢主动去接触；有的人因为平凡，便以为自己无能而不想去接触；有的人则因为已经取得成绩，怕弄不好有损自己的荣誉而不愿去接触。于是有过失败的更加颓废，平凡的依旧平凡，已经取得成绩的也停滞不前。"月亮之所以耀眼，是因为它从不把反射太阳的光芒当作耻辱"，是的，20几岁的年轻人要跳出自己的牢笼，超越自己，才可以俯瞰世界。

1.面对失败，走出自己

前苏联卫国战争时期，一位年轻的苏联空军将领被敌机击落，他在双腿受伤、饥寒交迫的情况下，在地上爬了整整18天，终于爬回了军营。然而，他的双腿却残废了。要知道，没有双腿的人是不可能再进入驾驶舱的。可是，他并没有气馁，没有眼睁睁地望着不能动弹的双腿而捶胸顿足。他每天坚持锻炼，风雨无阻，终于再一次坐在明亮的驾驶舱里，驰骋于蓝天之中。俗语说："从哪里摔倒了就从哪里爬起来。"我们何必因为点点失败困厄，就锁住自己呢？没有双腿也可以飞翔。失败了，只要能走出心灵的牢笼，不是还有更美丽的风景可以欣赏吗？

2.面对平凡，绽放自己

2006感动中国十大人物中有一位山村的“赤脚女医生”李春燕震撼了许多人。她相貌平平，没有华丽的服饰，没有耀眼的本科毕业证书，更没有精湛的医术。但正是这样的小人物却用她的平凡拯救了多少山区的病患！也许她不是“白衣天使”，但她却是最善良的精灵，跳动在每一位病患身边，演奏着最为感人的乐章。不要因为平凡就不愿付出，只要你伸出手，会发现太多的人需要你的帮助；不要因为平凡就放弃努力，只要你睁开双眼，会发现太多的机遇等待你的获取，即使是绿叶，也可以熠熠生辉。

3.面对成功，挑战自己

多年前，姚明是东方的小巨人，而现在姚明是世界的焦点，他代表中国在NBA抒写了一段金色的辉煌史。当我们为他呐喊时，更应该为他的勇气而骄傲，正因为他不满于昔日的成功，不曾沉醉在耀眼的光环中，才有了今天在异国他乡的这股“中国风”。刘翔、吴梦超、“神六”英雄，他们都能够面对成功，勇敢地挑战自我。因为“没有最好，只有更好”，他们用自己不断进取之心、追求之心，去创造一次又一次的辉煌。

20几岁的年轻人在职场上要做一只乘风破浪、勇往直前的帆船。不要因为失败而气馁，不要因为平凡而自卑，不要有了成绩就固步自封。超越自己，扬起风帆，勇敢地驶向理想的彼岸吧！

想有竞争力，就努力把业绩提上去

业绩是一个人的工作能力最为明显的外在表现，很多时候甚至和我们的收入挂钩，因此提高业绩毋庸置疑是重要的。提高业绩首先需要我们有竞争意识，这就需要我们不断地提升自己，同时全身心的投入工作中。

自然界有优胜劣汰的原则，这是自然界中的搏杀，因为倘若不能提高自己，强过别人，那么你付出的将是生命的代价。

在20世纪70年代，欧美一些未来学家曾经预言：当人类跨入21世纪时，每周的工作时间将压缩到36小时，人们将会有更多的时间提升自我，休闲娱乐。但当历史的脚步真的迈入21世纪时，人们却惊讶地发现，相当多的人每周工作时间在无限延长，甚至超过了72小时，甚至有不少人被“剥夺”了工作的权利，被市场无情地淘汰和抛弃了，而那些每周工作时间在不断延长的人们更是愈加努力地“提升”自我。

自然界的竞争尚且如此，更何况是人类呢？这是一个竞争激烈的时代。在这个世界上，如果你不努力学习，适应社会，那么你将被社会所淘汰。你要想不被社会所淘汰，你就必须用“淘汰自己”的精神去学习。

远大空调集团总裁张跃，现拥有资产2亿美元以上，但他在1989年创业时只有25岁。张跃的座右铭是：“要孜孜不倦地追求知识。当然这里不是指那种很刻板的知识，还包括生活方式的认知和品位、感受，这是决定一个人是否幸福的重要方面。要在知识中找到美感，体会到享受。”

拥有全国政协委员、全国民营企业家杰出代表头衔的刘汉元，四川眉山县人，通威集团总裁。他经过18年的创业，使一个企业成为了国内最大的水产饲料及主要畜禽饲料的生产商。他所在的集团拥有四千名员工，正在向世界水产业霸主地位前行。2002年，他被《财富》杂志认定为全球40岁以下最成功的商人——在亚洲仅有13人获此殊荣。作为一个拥有如此规模企业的老板，刘汉元的时间是非常紧张的，他的办公桌上总是摆满了各种各样留给他批阅的商务文件。然而，不管再忙，哪怕身处天涯海角，每月的月底他都要飞到北京大学光华管理学院参加EMBA班的学习，这是专门为在职的老板举办的学习班。

没有稳定的工作，只有稳定的能力——首先是学习的能力。当今社会，一切均在不断的发展变化之中，而且发展变化的速度不断加快。这个社会中，唯一不变的就是变化。那些大老板尚且如此，我们这些凡人又怎能偷懒？“充电”已成为一个时代的名词，想在35岁以前成功的人，不断地学习吧。“不是我不明白，是这世界变化快”，要想适应这个世界的变化，跟上这个社会的变化速度，必须努力学习，而且要学会学习的方法。所以，学习能力是一个成功者必须具备的能力，是未来新一代成功人士的第一特质。

用心工作是一个人自身素质的具体体现，扎实做事是工作作风的重要标志，也是提高自己的业绩所必须的。

1.要点滴入手，用心用脑

作为一名企业员工，一定要坚持用心工作，用心把握，认真细致不马虎，用心落实，精益求精不草率，切实做到“忠、严、细、实”，用心用脑，点滴入手，全面考虑，细致操作。扎实做事就是要树立良好的做事态度和风格，凡事要堂堂正正、光明磊落、尽心尽力、尽职尽责，不能拈轻怕重，好高骛远，成为小事不想做，大事又做不了的人。所以要想成就一番事业，必须从小事做起，从点滴做起，才能成就大事业。

2.要勤于思索，善于动脑

勤于思考、善于动脑主要体现在：一方面勤奋工作，认真负责。作为一名企业员工，一定要把心思用在本职工作上，爱岗敬业，以高度的责任心、使命感和进取精神做好自己份内的工作，集中精力把业务弄通弄懂，成为行家里手，卓有成效的开展工作。否则对工作漫不经心，当一天和尚撞一天钟，好高骛远，见异思迁，是不会成就一番事业的。因此无论干任何工作一定要专心，只有专心才能用心用脑，才能在本职岗位上有所作为。另一方面要抓好落实，注重细节。有人曾说过，关注小事，成就大事。所以说，抓不抓落实、如何抓落实、能否抓好落实，反映出来的是素质和觉悟，体现出来的是作风和意志，检验出来的是能力和水平。所以做任何一项工作一定要肩负责任、赋予感情、努力追求，尽力使每一项工作都能落实到位，塑造培养一种不完成工作任务不收心，不实现工作目标不撒手的良好品格作风。

3.要尽心尽力，尽职尽责

虽然大家同为一名员工，但其能力水平有大小，优点缺点也有差异，最关键是看能不能用心做事，能不能尽力而为。就工作而言，也好像举重运动员一样，能举100斤的不能举99斤，但是有些人确实举不到100斤，能否举90斤？关键要发挥自己的最大限度达到工作极限，如果能举90斤，连80斤也不愿举，总想寻50斤的举，这就不能说是尽心尽力，更谈不上尽职尽责了。上面是从每个人的能力来说，但就其岗位职责来讲，岗位有岗位的要求，既然你选择了这一岗位，岗位上的杠铃再重，你也要想方设法去完成，能力不具备，就要千方百计的学习提高，积极争取适应岗位职责的要求。因此每一名员工要做到尽心尽力、尽职尽责，就要认真履行岗位职责，自觉克服"三种行为"即：懒惰行为，无所事事行为，消极怠工行为。懒惰行为就是不愿动脑，不愿用心，懒于动嘴，更懒得动腿，凡事只求过得去，不求过得硬，缺乏理想、信念和追求，消极怠工，高兴的事就干，不高兴就推诿扯皮，遇到对己有利的事就干，积极性就高，对自己不利的事，能应付则应付，能回避则回避，信奉多一事不如少一事，对有好处的事抢着干，得罪人需要付出的事，跑的远远的，生怕与自己沾上边，找了麻烦。虽然这些表现只是在个别人身上存在，但我们也要引起足够的重视，从而培养良好的职业道德、社会公德，真正成为企业的有用人才。

第八章

20几岁该挣的不只是薪水，是信任感

20几岁刚踏入职场的年轻人，难免会难以适应职场上的一些相处之道，因而有时难以赢得别人的信任感。相较于薪水的现实性，如何提高自己的信任系数，赢得别人的信任感是20几岁的年轻人在职场上生存更需要的。

以诚取信，千万不要因为利益欺骗别人

诚信是中国人的传统美德之一。无论在过去或是现在，诚信对于树立职场形象极为重要。诚信是立人之本，20几岁刚入职场的年轻人如果不讲信用，在职场上就无立足之地，将来也许什么事情也做不成。

诚信在人类社会中是非常重要的，它是一切美德的根本。不管有无外力的约束，具有诚实品德的人能在任何情况下做到真诚。诚实是一种美德，是人生的通行证。诚实的人，在任何地方都会受到欢迎。20几岁的年轻人要得到别人的信任与重视，你首先应该做到诚实。欺骗别人的人，一定地受到惩罚。其实，20几岁的年轻人只要在平时与人的交往中多注意一些，赢得别人的信任，提高自己的信任指数并不是什么难事。20几岁的年轻人在与人交往中，要以诚取信，千万不要因为利益欺骗别人；与人交流时，要直率交流，让别人打从心眼里信服你；和人相处时，要学会负起责任，做个值得别人信任和托付的人。

享誉美国的道格拉斯飞机制造公司正是靠"诚实"获取成功的。在公司初创时，公司老板唐纳德·道格拉斯非常希望东方航空公司能够购买他制造的首架喷气式飞机。因此，他前去拜访东方航空公司当时的总裁雷肯巴克。雷肯巴克说这种新型的DC-8型喷气式客机能够同波音707抗衡，可是道格拉斯的喷气式客机同波音707一样，噪音都太大。雷肯巴克告诉他，假如道格拉斯能保证降低噪音，他就能够击败竞争对手而取得订购合约。

这笔生意对道格拉斯而言相当重要，如果能同东方航空公司签署订购合约，他在生意场上就能马上争得一席之地；反之，如果拿不到订单，或许就表明他将从此销声匿迹。道格拉斯同工程师经过一番认真的研究讨论后，再次

去见雷肯巴克，第一句话说的是："老实说，我不能确保把噪音降低。"

"我也不能，"雷肯巴克说，"但我希望知道的是，你是不是可以对我诚实无欺。"接着，这位总裁郑重地告诉道格拉斯："你现在得到了16500万美元的订单，能着手建造飞机，并试着把引擎的噪音降低。"

道格拉斯正是凭借着"对人诚实不欺"的美名才把他的公司创办起来了，也是靠着这一"秘诀"他才得以把事业推向不断成功。

诚实正直具有强大的亲和力，它可以让你的老板、同事和客户产生与你交往的愿望，如果他们认为你是诚实正直的，他们就会无条件地接纳你。

诚实守信不仅是一个人品行的证明，同时，它还使人树立起对家庭、对社会的强烈责任感。世界上任何工作都没有贵贱之分，只有简单和复杂之分。那些有能力并且积极肯干的员工都能够欣然接受任何工作，每天都向世人证明自己是值得信赖的，自己是具有价值的。这样的员工，迟早会得到提升。如果你的老板确信你是一个诚实可靠的人，他们就会信任你，让你担负起重要的责任。

对于一名20几岁刚入职场的员工来说，具有诚实的美德非常重要，因为你身处一个集体之中，需要跟很多人打交道，有复杂的人际关系等待你去处理，而以诚相待正是人际交往中最重要的砝码，大多数矛盾都能用诚信的办法解决。只要真诚待人，就能赢得良好的声誉，并获得他人的信任，将潜在的矛盾化解在无形之中。

诚实本身就是一种奖励，诚实的人从不担心向谁撒了什么谎，无须忧虑谎言会被揭穿，所以，他们可以集中心力，做一些更有意义的事情。而有的员工在工作能力方面根本没问题，但在职场中却总是难以春风得意，究其原因，是因为他们有一些不诚实的现象，如在填写迟到原因时，他虚报头天加班，而且经理签了字。可公司经过调查，发现他们提供的是虚假信息；再比如有的人虚报工作数据，这样就可能给公司造成难以预料的损失……这些人常常自我辩解说："撒个小谎而已，原本是毫无恶意的。"但久而久之，撒谎便会成为一种习惯，成为理所当然。小谎言需要大谎言来掩饰，然后，谎言就会愈扯愈大。20几岁的年轻人永远都别尝试说谎，也别窃占任何不属于自己的东西，只有这样你才能高枕无忧，才能养成自律的习惯，工作和生活的环境才会变得宁静平和。

虚伪撒谎的人，得到的总是机会对他们的厌恶和唾弃，所以20几岁刚入职场的年轻人若不小心犯了某种大错误，也不要试图用谎言欺骗上司，欺骗自己。最好的办法是坦率地承认和检讨。如果有可能，尽可能快地对事情进行补救，只要处理得当，一样可以得到老板的原谅甚至欣赏。无数事实证明一个诚实的员工，他一举一动都是诚实可靠的，他总是对自己的工作积极主动、尽心尽力，而这样的员工也正是最容易得到升职和奖励的。所以作为一名员工，你必须靠勤劳、诚实去为自己赢得信誉，弄虚作假，只能是一锤子买卖，终究是要弄巧成拙，惨遭失败的。

人与人的交往，是建立在诚实守信的基础上的，成功者信守承诺，视为合作的基础，以诚实取信于人。

小池出身于日本一个贫寒的家庭，20岁时就替一家机器公司当推销员。有一个时期，他推销机器非常顺利，半个月内就跟33位顾客做成了生意。之后，他发现他们卖的机器比别的公司生产的同样性能的机器昂贵。他想，同他签约的客户如果知道了，一定会对他的信用产生怀疑。于是深感不安的小池立即带着合约书和订金，整整花了3天的时间，逐户去找客户。然后老老实实向客户说明，他所卖的机器比别家的机器昂贵，为此请他们废弃契约。这种诚实的做法使每个订户都深受感动。结果33人中没有一个与小池废约，反而加深了对小池的信赖和敬佩。经过这33位客户的宣传，人们纷纷前来委托小池购买产品，这样没多久，小池就成为"钞票满天飞"的人了，不用说，公司也因为小池而获益匪浅。

后来，已经成为了日本大企业家的小池在总结自己的成功经验时，说过这样一段话："做人就像做生意一样，第一要诀就是诚实。诚实就像树木的根，如果没有根，树木就别想有生命了。"

在商业往来时，诚信较之金钱更重要，如果你欺骗了你的客户，他们就不会再相信你，也就不会再同你合作。作为一名20几岁刚入职场的年轻人，你应该懂得：信誉是一生最重要的资本，糟蹋自己的信用无异于在拿自己的人格做典当。有伟大的人格才会有伟大的事业，不论你居于多高的地位，都必须对自己许过的诺言负责。诚实信用是现代社会发展的基础，没有信义的人在社会上是无法立足的。

任何事业要成功都需要持之以恒，同样，要获得别人的信任也是如此。以诚取信靠的是长期言而有信的好名声，而毁坏它是轻而易举的事，所以20几岁的年轻人必须警惕，一个人一旦失信于人一次，别人下次就再也不愿意和你交往了。而如果你凭着自己良好的品性，能让别人在心里默认你、认可你、信任你，那么你就有了一项成功者的资本。

直率交流，让别人打心眼里信服你

人与人之间的交往中，直率交流是很多人喜爱的交流方式，有话直说比拐弯抹角更容易在语言上赢得别人的信任和好感，20几岁刚踏入职场的年轻人从一开始就要学会直率交流，提升你的信任感指数。

"直率交流"就是诚实的行为，它是建立在坦诚和真挚的原则基础上的，包含两个方面：讲实话和给人正确的印象。两者对于建立信任来说都很重要。讲实话而留给人假象是有可能发生的。给人正确的印象的意思就是清楚地交流，不要让自己被人误解。20几岁的年轻人要向巴菲特学习，在职场上直率交流，以自己的真诚和直率赢得别人的信任和好感，让人打心眼里信服你。

诚实正直会让老板喜欢你、信任你、委你重任。诚实正直具有强大的亲和力，它可以让你的上司和合作伙伴产生与你交往的愿望，如果他们认为你是诚实正直的，他们会向你敞开欢迎的大门。一个诚实正直的人首先应该是公正的。如果你的上司和同事偏离了正确的轨道，你应该加以阻止。作为一个诚实正直的员工，你应该收集相关的事实，周密地考虑会出现的问题，然后做出判断。

一家公司的老板因为生意上的问题而受挫。但是，这家公司的职员不仅袖手旁观，还在旁边幸灾乐祸："其实，我早就料到他会有这么一天。我不说，是因为我不想将自己掺和进去。"这种"见死不救"的职工，能说是诚实正直的吗？一损俱损，公司遭难，职工又怎会得到好处呢？

当上司处在进退两难的境地时，作为旁观者就应诚实地说出对他有价值的东西。如果你发觉老板和同事正滑向一个错误的方向，就应该勇敢地加以阻止，即使他不可能接受你的劝告，但是你却证明了自己的诚实。你没有因为他是老板而虚伪地迎合他，你心理上是欣慰的，因为说出真话会让人觉得胸怀坦荡。记住，"君子坦荡荡，小人长戚戚。"你说真话是为了改正他人或者集体的错误，也是在挽回不必要的损失。

沃伦·巴菲特是一个直率交流的人。每年，在公司的年报里，他都会写一篇管理者对股东的致词。他在致词里都会说出实情，从不兜圈子。例如，他曾经写道：

我自己多次做出这样的事情，总体来讲，我的行为给公司带来了损失。

去年我没有做好那项工作。我希望通过这些数十亿美元的收购给公司带来新的收入来源，但我太冲动了。

我浪费了好几年的时间才把这个部门卖掉，没能够及时地面对现实，我的犹豫导致了错误。

与之形成强烈对比的是，很多管理者致词都像官样文章，尽量粉饰自己的公司。如果致词是这样写的："2005 年对于 XYZ 公司来说是充满挑战的一年……"你看到这样的话就会判断出，很可能这个公司这一年的表现不怎么样，他们只是在想办法给自己涂脂抹粉。而巴菲特总是实话实说。

直率交流的反面就是撒谎和欺骗。这种行为在交往中会带来巨大的信任危机。20世纪70年代美国总统的水门事件就是一个有力的证明。使我们看到撒谎、欺骗和掩盖会带来多么大的影响。如果一个人撒谎，就一定会摧毁信任。没有人会再相信他说的话了。

负起责任，做能让人托付之人

“做一个负责任的人”，看似平常的一句话，真正做到却不容易。20几岁的年轻人要想在职场上脱颖而出，需要能力，更需要责任。20几岁的年轻人在职场上要敢于负起责任，做个能让人托付之人。

责任是每个人应该具备的基本而又崇高的品德。失去了责任的承载，再强的能力也只如沙滩上岌岌可危的阁楼，无论多么金碧辉煌，终会一击即溃。20几岁的年轻人只有负责任，工作潜能才能得到持续的挖掘，工作的成绩才能得到完美的展现。

在工作中，我们经常会听到这样或那样的借口。它们听起来好像是“合情合理”的解释，例如：上班迟到了会有“起得晚了”，“路上堵车”，“手表没电了”，“家里事太多”等借口；业务拓展不开，工作无业绩，会有“制度死板”，“行业萧条”，“还有做得比我更不好的呢”，或者“我已经尽力了”等借口……可以说，寻找借口是世界上最轻易便能办到的事情之一，只要你心存逃避的想法，就总能找出足够多的借口。因为把“事情太困难、太复杂、太耗时间”等种种借口合理化，要比相信“只要我们更努力、更聪明、更有信心，就能做好什么事情”容易的多。

美国成功学家格兰特纳说过：如果你有自己系鞋带的能力，你就有上天摘星星的机会！一个人对待生活、工作的态度是决定他能否做好事情的关键。然而，很多人在工作中却总是寻找各种各样的借口，来为遇到的问题开脱，推卸职责。久而久之，便会形成这样的局面：每个人都在努力寻找借口来掩盖自己的过失，推卸自己本应承担的责任，不过推卸真的有用吗？答案肯定是否定的。

李某是一家家具销售公司的部门经理。有一次，他听到一个消息：公司高层决定安排他们这个部门的人到外地去处理一项很麻烦的业务。他知道这项业务非常棘手，难度很大，所以便提前一天请了假。第二天，上面安排任务，恰好他不在，便直接把任务交给了他的助理，让他的助理向他转达。他的助手打他手机汇报这件事时，他便以自己身体不适为借口，让助理顶替自己去处理这项事情。同时他也把处理这项事务的具体操作办法在电话里交代给了助理。半个月后，事情没有办成，他怕公司追究他的责任，便以自己已经请假为借口，谎称自己不知道这件事的具体情况，一切都是助理办理的。他想，助理是总裁安排到自己身边的人，出了事，让他顶着，在公司高层面前还有一个回旋的余地，倘若自己来承担这件事的责任，恐怕有被降职罚薪的危险。但是，纸包不住火，当总裁知道了事情的真相后，便毫不犹豫的辞退了他。

工作中容不得半点不负责任。20几岁的年轻人要相信没有做不好的工作，只有不负责任的人。可以说，敢于承担责任是做好工作的基本前提。当然，负责任不只是说说而已，更需要在脚踏实地、勤奋苦干中体现出来。无论职位如何差别万千，每个人的默默工作、勤恳付出都关乎企业的健康成长，尽职尽责便是最重要的根基。也许20几岁的年轻人可以找到一万个拖拉和推诿的理由，但是这对于工作和自己并没有任何好处，只会增加失误和摩擦。20几岁的年轻人可以选择的只有“现在就干，马上行动”。俗话说，习惯成自然，当负责任成为习惯，还有什么工作做不好呢？

然而，想在工作中真正负起责任并非易事，任何一点细微疏忽都将造成难以言说的损失。工作无小事，责任体现在细节，用心才能见微知著，所以20

几岁的年轻人要想负责任就要从细节做起。哪怕一个小小的设计失误，都有可能导致不可挽回的经济损失。哪怕一句不经意的玩笑话，都有可能让重要的潜在客户耿耿于怀而拒人千里。小细节决定大成败，细节体现责任，责任决定成败。

个人努力是成功的关键，责任是追求卓越的原动力，尽职尽责才能缔造完美工作，创造美好人生。20几岁的年轻人既然从事了一种职业，选择了一个岗位，就必须接受它的全部，就算是误解和责骂也得欣然接受，而不是只享受工作给你带来的益处和快乐。于公于私，树立工作为己的责任意识对于20几岁的年轻人来说都是必要的。可以说，只有敢于担当起自己应尽责任的人，才能获得成长；而那些总喜欢找借口的员工注定是失败的员工，很难得到大家的信赖与尊重。

从小处着眼，技巧性的拉近信任距离

在职场中，人与人之间应该要相互信任。信任，让我们产生无尽的希望，给我们带来意料之外的成功。20几岁的年轻人在职场上要从小处着眼，技巧性的拉近信任距离。

在职场中，人与人之间应该要相互信任。少了信任，那么人与人之间就多了一丝冷漠，一点防备，从而使人与人之间的摩擦增多，矛盾也尖锐了。乔尔·布洛克博士说："如果一个人很难相信别人，那他不大可能拥有健康的人际关系。"为什么呢？因为你不相信别人，就不可能赢得别人的信任，失去了别人的信任，人际关系自然就瓦解掉了。在此，我们为职场信任提供几条一入职就赢得同事信任的妙计。

20几岁的年轻人要赢得别人的信任，拉近信任距离，首先要学会倾听时不要主观臆断。当听到一些敏感的或者不好的消息时，别大惊失色。再者不要哪壶不开提哪壶。每个人都有一些旧伤疤或特别敏感的话题，如果总是有意无意地提起这些事，别人能信任你吗？避免给别人一种喜欢寻根究底，哪壶不开提哪壶的印象。若真的想挑一个棘手的话题说，也要三思而后行。

20几岁的年轻人想要赢得别人的信任，拉近信任距离还要学会分享。向别人展现自己的内心世界是一种拉近双方距离的方法。但是人们常常忘记在工作中或团队里展现自己人性的一面也是同样重要的。你当然不必告诉别人你内心深处的大秘密，也没必要告诉老板你想呆在家里和孩子们在一起。你可以谈谈自己的周末计划、一部刚看过的电影、假期安排、家庭或者业余爱好等等。

20几岁的年轻人想要赢得别人的信任、拉近信任距离就要让别人知道你信任他们。美国纽约圣·罗斯学院的研究人员发现，当被研究者感觉受到信任时，他们往往表现出一种更让人值得信任的行为方式。如果同事之间、上下级之间有很强的信任感，工作起来也会更有效率。当20几岁的年轻人表现出了足够的真诚，自然会赢得周围人的信任。可是这些信任有真有假，需要辨别，心理专家为我们提供了几个辨别的小诀窍。

1.做到心中有数。别人夸你的时候是不是太言过其实？他对你笑得总是那么灿烂吗？不管你说什么他都立即点头称是吗？如果是的话，你要小心了。

2.逐渐加深关系。你会信任一个刚认识的人吗？别着急，信任是需要时间的。先仔细观察一下对方的行为，再试着和他分享一下你的小秘密，看看他的反应。你们之间的关系可以发展到多深，要看你们是什么类型的朋友。我们发展每一段关系，其目标是让其他人了解真实的你。

3.从过去的经验中吸取教训。要是你觉得什么事有点儿不对劲，也许是眼前的事情让你想起了从前的经历。想一想以前犯过的错误，在新的交往中提醒自己遇到类似情况时要多加注意。

运用潜意识，不知不觉赢得对方的信任

人的行为，举止大部分是受潜意识支配的，运用潜意识，可以在不知不觉中拉近对方的心，赢得对方的信任。20几岁刚入职场的年轻人如果能学会运用潜意识，那么你就是职场上的信任达人，就更容易获得成功。

潜意识是心理学家弗洛伊德首先提出来的，是指潜藏在我们一般意识底下的一股神秘力量，是相对于"意识"的一种思想。弗洛伊德认为人的言行举止，只有少部分是由意识控制的，其他大部分都是由潜意识所主宰，而且是主动地运作，人却没有觉察到。在日常生活中，人的意志受潜意识摆布的情况非常多。20几岁刚踏入职场的年轻人在与他人交往时，可以很好地利用潜意识的存在，左右他人的心理和思维活动，不知不觉地赢得别人的信任和好感，达到良好的沟通效果。

某咨询公司业务员刘某，主要负责公司产品推广，听说几个同事都在一家IT公司吃了闭门羹，就决定过去见识一下。

刘某走进公司，看见大厅的门口写着"谢绝推销"4个大字，他径直走入大厅，环视了一下大厅办公区域，很有礼貌地给公司经理递上名片，不料那位经理大怒道："难道你没长眼睛，没看到门上的字吗？"

"我当然看到了，但我是特意帮您解决问题来了，您有时间的话不妨听我说说。"刘某面带微笑地说。

经理一脸疑惑地问道："我能有什么问题需要你帮忙解决？"

刘某："经理啊，您是不是正为职员缺乏干劲所困扰呢？"

经理："是啊，最近管理人员很松懈，害我没办法处理其他工作！"

刘某一边点头一边说："果然是这样。刚好我手边有一项培训课程，可以

提高管理人员的干劲，您要不要听听呢？”

就这样，这位经理很有礼貌地把刘某请进了里间的会客室。

你是不是觉得不可思议？这就是运用潜意识的高明之处：在事先完全没有准备之下，面对第一次见面的人，立即推测出对方的心理。

刘某是怎么做到的呢？其实很简单，刘某环视大厅办公区域，通过细心观察，捕捉到了“职员缺乏干劲”这一信息，然后通过行动（充满自信的微笑）和语言（“我是特意帮您解决问题来了”）上的暗示，影响了对方的潜意识（表现在经理的一脸疑惑上面），让对方在不知不觉中袒露了自己的心扉（“最近管理人员很松懈，害我没办法处理其他工作”）。

人在潜意识中，都喜欢别人说自己的好话。所以，我们就可以巧妙地说对方的好话，获得对方的好感，从而拉近彼此间的距离，增进彼此间的了解。

甲：“你是个感情丰富的人，而且拥有使人开心的魅力。”

乙（警觉，心想）：“我才不会被好听的奉承话给骗了。”

虽然人们喜欢听到对方赞美自己的话，但是过于直接的奉承会使对方产生戒心，提高警觉。这时候，只要我们运用冷读术，稍微转换个说法就可以了。

甲：“你不太能对人敞开心胸，这有点遗憾！其实你感情丰富而且很能让人开心，是个极有魅力的人，只是还没有完全展现出来。”

乙（高兴）：“你很了解我啊！”

虽然只是赞美之词，但总是令人高兴，他也一定希望这是真的。既然如此，他就会想办法把那个潜在的长处进一步表现出来。怎么做呢？既然被别人惋惜“不太能对人敞开心胸（所以无法发挥长处）”，因此要发挥长处，他就“必须对人敞开心胸”，不是吗？

于是，不知不觉地，对方就对你敞开心胸了。

这就是潜意识的妙用。你不知不觉地左右了他的潜意识，也就是说，他听从你的话对你敞开心胸的原因，就是他相信你说的“其实你感情丰富，是个很有魅力的人，别人和你在一起会感觉很快乐”的“好话”。

当然，潜意识的运用并不局限于此，在与别人交往的过程中，我们可以灵活地运用。下面提供一个运用潜意识让对方打开心扉的小技巧，叫作使用“同调”语言，也就是在谈话中尽量模仿对方所用的特殊字句。

A:“今年想试试向各种事情挑战。”

那么，你在交谈中就要尽量使用“挑战”这两个字眼。

B:“我平常有点儿怕喝白酒，但是今天决定‘挑战’一下。”“这道菜不知道味道如何，不如‘挑战’一下吧！”（在餐桌上）

或，B:“现在的工作对我来说，相当具有‘挑战’性。”“我最尊敬有‘挑战’精神的领导了。”（在工作中）

每说一次“挑战”，对方对你的好感就会增加一次。透过好感的累积，对方的心情就会越来越好，对你的信任也会越来越强烈。

信任是一种有生命的感觉，也是一种高尚的情感，更是一种连接人与人之间的纽带。信任，是架设在人心的桥梁，是沟通人心的纽带，是震荡感情之波的琴弦。运用潜意识可以在不知不觉中赢得别人的信任。20几岁的年轻人要学会运用潜意识，赢得更多人的信任。这样，20几岁的年轻人更容易在职场中取得更大的成就，更容易迈向成功之路。

掌握攻心技巧，努力成为对方的知己

20几岁的年轻人在职场上怎样去打动人心？最佳方式莫过于说话时说到对方的心坎上，使自己慢慢成为对方的知己。

我们总希望拥有真心朋友，其实朋友的好坏全取决于我们自己。如果你想拥有真正的朋友，你自己就要做别人真正的朋友。要做一个有真心的人，别人就会乐于在你周围，最终成为你真正的朋友。要改变别人很难，但改变自己不难。现在可以和你分享17个结交真正朋友的技巧。要学会可能得几年，但这些的确会让你人际关系突飞猛进。

1. 把自己当成好朋友。你要成为真正的朋友，这是关键的第一步。如果你不接受你自己，你如何接受别人？你过去可能犯过错，你要自己原谅自己。你也许和自己期望的不一样，但要接受你自己。

2. 接受他人。在接受了自己是一个朋友后，你很容易接受别人。别人可以和你一样犯过错，或有着坏习惯。但想想你自己都不完美，你为什么不接受别人？

3. 找出时间。有时我们太忙，无法花时间巩固与他人的关系。这是因为我们把人际关系看得并不重要。如果我们认为关系很重要，时间不是问题。我们会找出时间发展关系。

4. 成为好的倾听者。倾听的艺术不好把握。有时我们和朋友交谈，却对他所言毫无兴趣。有时我们被介绍给一个新朋友，却没听清他的名字。真正的朋友可不会这样，他是一个好的听众。

5. 为其他人的生活带来价值。真正的朋友为他人带来价值。他会想让周围的人生活幸福。你应当有价值的活着，体现你自己及对于他人的意义。

6. 先去理解别人。每个人都从自己的视角观察生活。有时我们希望别人看问题的角度与我们一样，但这就会有问题。真正的朋友，"首先"愿意从别人的角度看问题。他会尝试去理解别人为什么会有这样的想法、做法。要想学会这个，有一个好方法就是去研究人的性格。研究人的性格可以帮我们理解为什么其他人会与我们有不同的做事方法。

7.找到共同点。找到共同点，可以让你快速结交新朋友。共同点可以让你与别人谈论他感兴趣的事，从而建立友谊。要想更容易的找到你与别人的共同点，你应当"扩大你的点面"，你所占有的点面越大，你越容易与他人建立联系。

8. 充满兴趣。如果你想要自己成为有趣的人，你就要充满好奇，对万物充满兴趣。这样别人和你聊天时，你才会充满热情。人们才会觉得与你志趣相投，愿意和你在一起。

9. 主动帮忙。真正的朋友不会在别人要求帮助时才行动。而是主动的提供帮助。说的比做的容易。要做到这点，你要时刻发现别人的需要。要敏感。你可以从别人的暗示中发现他们的需求，或是从肢体语言中，一旦你发现有这种需求，想想你能怎么做，去主动提供帮助。

10.相信他人。如果你信任他人，也会得到别人的信任。你要坚信人的本性是好的，即使表面看上去并非如此。别人会感觉到你对他们的信任，会被你的真诚打动。

11.在需要时批评。真正的朋友不怕说出真相，即使这会让听者不悦。真正的朋友不允许别人一直犯错。为他人着想，以诚相待。

12.知道在对的时机做事。真正的朋友懂得在正确的时机称赞，正确的时间聆听，正确的场合批评。他明白何时该来，何时该走。真正的朋友会把握好安排时间的艺术。

13.诚实。诚实是友谊的基础。言行一致。只有对自己和别人都诚实，才有真正的友谊。

14.赞美他人。人人爱听好话。别人需要知道"你"在称赞他们。我们总是很轻易的就批评别人，却很少赞美。因此，当别人做的很好时你要赞美他们，特别是当众称赞。

15. 激发他人的潜力。真正的朋友愿意看到周围的朋友都充分发挥出自己的才能，你可以帮助你的朋友发现、发挥自己的个人所长。

16.看到对方的优点。真正的朋友足以看清你的弱点，但他仍然会相信你的潜质。要做真正的朋友，你要相信你的朋友，无论表面如何糟糕，都有内在的优异。有了这种信念，你才会真诚的鼓励他们。

17.在困难时坚持住。这是对真正友谊的考验。虚假的友谊会在你高兴时陪伴着你，与你一起分享快乐，但在困难时就会离开你。只有真正的朋友才会在困难时“选择”与你同行。所以要做一个真正的朋友，就应当在你朋友最困难时陪伴着他们，即使可能让自己不便。这是最难做到的事，但这是真正友谊的标志。

尊重他人，让对方感受到你的诚意

尊重他人是年轻人在职场上生存所必需的，尊重他人又是拥有良好人际关系的首要条件。20几岁的年轻人在职场上一定要学会尊重他人，让对方感受到你的诚意，只有这样，你才能赢得更多人的好感。

刚到单位，所有的工作对新人来说都是陌生的，诸多事情都不知如何办理，因此多向同事求教是最快的进步方式。要有一种从零干起的心态，放下面子，尊重同事，不论对方年龄大小，只要比自己先来公司，都是自己的老师，都要虚心请教。

不少初入职场的人常自以为有见解，自以为有口才，逮到机会就大发宏论，把别人批评得脸一阵红一阵白，他自己则大呼痛快。其实这种举动正是在为自己的祸端铺路，总有一天会吃到苦头。职场是社会的缩影，由于利益冲突，显得更为复杂，竞争更为激烈。但是无论怎样竞争，都不应当失去对人起码的尊重。

一个人必须尊重别人，才能受到其他人的喜欢和爱戴。你尊重对方，对方才会尊重你，这是相互的回应。

林震是一位科技公司的老板，可以说，他是人们见过的最受欢迎的老板之一。在下属面前，他从不摆架子，甚至直到公司已经具备了相当的规模，他都从来没有自己的办公室，而是和大家挤在一个大办公室。一直以来，他都同下属们工作在一起，一起挽起袖子修电脑，一起做最普通的工作，甚至不少客户在最初都以为林震只是一个技术员。他很少说废话，也不会固执己见，许多时候总是听下属们发表意见。当公司遇到困难，甚至捉襟见肘时，却没有人离开他，下属与他一起共同渡过难关。原因就如同他的下属所说，“因为他尊重我们。”可见对于他人来说被尊重的需求得到满足是多么的重要的事情。

一个聪明的职业人，应当在维护了他人的面子和尊严的前提下，巧妙地暗示对方注意自己的错误，让他人明白自身的不足和缺点。一个聪明的职业人能够原谅别人的过失。他们会坚持说别人的本意是好的，或者只是一时不小心才犯下错误，而且，还要尽量寻找自身的原因。这样做，不但会避免没必要的争执，不会惹上麻烦，而且可以使对方受感染于你的宽宏大度，承认他的错误并立即改正。

职场之中，有职位、资历、年龄的差异，但在与别人相处时，更应该学会尊重别人，尽量减少对别人的伤害。一个和谐的人际关系的基础是彼此之间互不伤害，这样既能维持工作环境的稳定，也能提高工作效率。

要记得，他人如果知道错误了，我们就不要在伤口上撒盐，给他留下自尊，他会铭记于心，并有可能在将来某个时刻助你一臂之力。

尊重别人最忌讳对人冷嘲热讽、落井下石、幸灾乐祸，这样不仅不能证明自己的聪明，反而暴露了自己是一个气度狭窄，自大又无能的人。贬低别人不等于抬高自己，真正受人尊敬的人，懂得寻找每一个人的价值，不会轻易毁坏他人的名誉，而这种自重重人的态度，更是对自己有信心的表现。

显现自己，但不等于贬低别人。作为一个职场新手，在社交中不会显现自己，就很难崭露头角。善于交际的人，总是尽量把自己的长处呈现于人们面前，如伶俐的口才，渊博的知识，温文尔雅的举止，直至巧妙的化妆，典雅的服饰，都能给人一个良好的印象。如果缺乏自信心，又好面子，生怕引起别人注意；如果怕遭遇闭门羹，而不敢接近别人，这样只能永远做一只默默无闻的丑小鸭，使社交变得没有意义。

但若清高自负，贬低别人，同样会使社交变得没有意义。如用旁若无人的高谈阔论、矫饰的表情、夸张的动作来表现自己，就会使人产生反感。以下种种也都是贬低别人的行为举止：当有人特别是某位女性在社交场合中独占鳌头，为众人瞩目时，就流露出不屑一顾的样子；当有人言谈举止不大得体，或是某位女性服饰俗而不美，就显出自己的优越感，对人投以鄙视的目光，等等。

显现自己与贬低别人，其表现往往只有一步之差，关键在于把握一个适当的分寸。自己的身份、自己对某种技巧的掌握程度，以及是否与当时的气氛和谐，都是应当考虑到的。在此基础上，充分发挥优势，就可能得到别人的好感。

批评应该是建立在相互尊重的基础之上的。在发表批评意见当中贬低别人的自尊与人格是对其人不尊重、不理解的表现。事实上，人只有先尊重别人，才能使得别人尊重自己的批评意见。

《三国演义》第二十三回中讲，曹操想派人劝降刘表。孔融推荐祢衡担当此任。于是曹操请祢衡来。礼毕，曹操没有让他坐下。祢衡则仰天长叹："天地虽阔，何无一人也。"曹操听了不高兴，便说："我手下数十人，皆当世之英雄，何谓无人？"祢衡则说："你说给我听听。"曹操答道："荀彧、荀攸、郭嘉、程昱机智深远，虽萧何、陈平所不及。张辽、许褚、李典、乐进勇不可挡，虽岑彭、马武不及也。吕虔、满宠为从事；于禁、徐晃为先锋；夏侯惇，天下奇才；曹子孝，世间福将，怎么说我无人呢？"

祢衡听后，冷笑地答道："荀彧可使吊丧问疾，荀攸可使看坟守墓，程昱可使关门闭户，郭嘉可使白词念赋，张辽可使击鼓鸣金，许褚可使牧牛放马，乐进可使取状读记，李典可使传书送檄，吕虔可使磨刀铸剑，满宠可使饮酒食糟，于禁可使负版筑墙，徐晃可使屠猪杀狗。夏侯惇称为'完体将军'，曹子孝呼为'要钱太守'。其余皆衣架、饭爱、酒桶、肉袋耳！"总之，曹营上下皆蠢才。

曹操听了大怒，便反问："你有什么本事？"祢衡答道："天文地理，无一不通；三教九流，无所不晓。上可致君为尧、舜，下可配德于孔、颜，岂与诸子共论乎。"

祢衡这般狂妄，张辽在侧，欲将杀之。但曹操阻挡他说："此人素有虚名，远近所闻。今日杀之，天下必谓我不能容。”于是仍派他去见刘表，实则想借刘表之手杀他。祢衡见了刘表，也是话中带刺，令刘表不悦，但他不愿中曹操之计杀祢衡，就派他去见部将黄祖。祢衡见了黄祖，仍然出言不逊，惹恼黄祖，立将他斩首。祢衡死时仍是骂不绝口，直到咽气为止。

在上例中，祢衡自命不凡，逢人便骂，结果自取灭亡。本来，孔融推荐他去见刘表，是让他有一个施展抱负的机会。结果他玩世不恭，出言不逊，把曹营上下骂得一钱不值，使得曹操毫无心思听他的安邦定国之计，而是想怎样除掉他才对自己的名声最有利。祢衡的悲剧是自命清高，傲视众人，人活到这份上还有什么施展抱负的可能。

所以，在发表批评意见时，打击别人，抬高自己是缺乏涵养的表现，也是以自我中心的表现。它会使对方因维护自己的面子和尊严而拒绝你的批评意见。因为心理学告诉我们：自尊是个人自我认定的核心。不认识到这一点，就不能发表积极的批评意见，也不能与当事人建立有效的情投意合的关系。切忌对人进行人身攻击，它会使对方的注意力转移到其自尊的维护上，就谈不上情感的认同了。

积极主动地交往，给予对方持续的信任

20 几岁的年轻人刚入职场，各方面的条件都很欠缺，这时，学会积极主动地交往，给予交往方持续的信任，可以让 20 几岁的年轻人在职场上更容易获得别人的认同，更容易综合利用身边的资源。

说到对人的信任，我们一般人的想法是，只有对方可信，我才去信任他（她）。问题是，我们如何去证实对方可信呢？通常只有一个办法，那就是交往。可是，交往开始时我们不能信任的结果是什么呢？往往是这个交往的对象，在

与我们交往的过程中，由于我们的不完全信任，导致了对我们的戒备。这是可以理解的，因为对方很可能与我们秉持相同或相似的想法，他们也会以“对方是否可信”来决定自己给予对方多少信任，这样，彼此之间很可能就产生了相互的不信任。不信任就会有保留、有怀疑、有戒心。这样的保留、怀疑与戒心，导致不信任在交往中蔓延，并随着交往而不断扩大、延伸。最后，就有可能趋向于恶性的循环，趋向于彼此关系僵化、恶化。这是说，别人无法信任我是源自于自己本身就没有对对方信任。

每个人在职场中都不是孤立的，要与别人进行合作，互相之间的信任就是必须的，不论是与老板、与同事、还是与谈判对手。那么如何建立并增加这种信任度？这就需要20几岁的年轻人在职场上积极主动地与对方交往，并给予对方持续的信任。

1.用他们的方式说话

对于合作者而言，善于用对方的语言交谈是非常重要的技巧。这不仅仅是了解对方所谈论的技术术语或者其他关键名词，而是说，20几岁的年轻人需要理解对方隐藏在话语背后的文化或者情绪的含义，并且要关注对方如何用语言来表达观点。花些时间去了解对方的文化、历史和看问题的角度。对20几岁的年轻人而言这是在向对方释放一个信号：你正致力于建立双方的信任关系。这样当双方之间的误解或者冲突产生的时候，双方会将这种分歧看作是一种很自然的互相学习的过程，通过双方更为努力的学习可以达成最终的谅解。

2.管理你的声誉

一个坏的声誉可能是关系建立的杀手，而一个良好的声誉则可能帮助你打破僵局。那些杰出的谈判者都清楚，声誉不仅仅是一种背景，而且是一种工具。

3.让依赖性发挥作用

你越依赖一个人，就越会倾向于相信一个人。当双方认为，他们需要对方以实现其个人目标和价值的时候，双方的信任就会增加。

4.单方面的让步

一个精心策划的单方面让步，可以让对方受宠若惊，创造友好的氛围，增加潜在的信任和价值评估。所谓的单方面让步，意味着不需要对方给予承诺。所以这样的优惠往往被精心控制在提供方付出最小风险或者成本的范围，而在接受方获得高收益的情况下。此外，精心设计的单方面让步，也可以让对方信任，并证明自己的能力，并且能够明白对方的价值取向。

5.解释你的要求

一旦冲突发生的时候，人们更愿意将自己看作是更好的一方。基于这个心理，20几岁的年轻人需要清晰明白地提出你的需求并且解释原因。如果一个协议被对方看来过于“倾斜”，信任也将被摧毁。 当你的利润和安全取决于对方的动机和行动时，信任就成为你们之间必不可少的因素。20几岁的年轻人要相信对方，并且承担风险，才能在这个瞬息万变的职场环境中获取最大的双赢空间。

良好的亲密关系意味着基于“无条件信任”的关系。在实践中我们都难以做到无条件信任，但20几岁的年轻人应该知道，它是一个美好的个性发展方向，并使自己努力朝向这个方向发展。如果我们一定要以对方的所谓“可信”为前提来给出自己的信任，吝于主动奉献自己对人性的信任，那么，我们的关系就很可能是脆弱的，很难经受打击的。这是因为，从另一个角度讲，很多时候我们所认定的“坏人”、“失约”、“食言”，不过是我们一边倒的认知，很可能有水分，可能有误区，可能是因为其他问题造成的偏见，比如由于信息无法及时沟通造成了彼此的不能守信等。这样的磕磕碰碰在生活中实在在所难免。因此，那些对于对方的“可信”过度讲究的人，也就不能学会宽容，不能学会给对方与自己以发展的机会。过度讲究对方的“可信”，以此为出发点，虽然可以保证我们有更少的损失，却也可能因此让我们丧失学习的机会，丧失我们与人深交的机会，丧失我们找到“铁哥们”的机会！

第九章

20几岁该挣的不只是薪水，是忠诚度

职场生活中，忠诚度一直是一个值得引起职场人士重视的因素。在职场上，你的忠诚度决定你在多大程度上能得到重用。20几岁的年轻人在职场生活中如何才能展现自己的忠诚度，以自己的忠诚赢得上司的重视，是一门不小的职场学问。20几岁的年轻人要懂得忠诚是永不过时的职场王牌。20几岁的年轻人在职场生活中要展示自己的忠诚就要懂得不与上司争抢“镜头”，与老板同舟共济，与公司荣辱与共，急上司之所急，忧上司之所忧。

忠诚是永不过时的职场王牌

忠诚建立信任，忠诚建立亲密。只有忠诚的人，周围的人才会接近你。一个人如果不忠诚，就会给别人不可靠的感觉，这样难以得到别人的信任，更不要谈有更大的发展了。20 几岁的年轻人，在工作岗位上，只有对人忠诚，人们才会接近你、承认你、容纳你、信任你。

现代管理学普遍认为，老板和员工是一对矛盾的统一体，从表面上看起来，彼此之间存在着对立性：老板希望减少人员开支，而员工希望获得更多的报酬。但是，在更高的层面上，两者又是和谐统一的：公司需要忠诚和有能力的员工，业务才能进行。员工必须依赖公司的业务平台才能得到物质报酬和满足精神需求。因此，对于老板而言，公司的生存和发展需要员工的敬业和忠诚；对于员工来说，丰厚的物质报酬和精神上的成就感离不开公司的存在。

在当今这样一个竞争激烈的年代，谋求个人利益，实现自我价值是天经地义的事。但很多人没有意识到个性解放、自我实现与忠诚和敬业并不是对立的，而是相辅相成、缺一不可的。许多 20 几岁的年轻人以玩世不恭的态度对待工作，他们频繁跳槽，觉得自己工作是在出卖劳动力；他们蔑视敬业精神，嘲讽忠诚，将其视为老板盘剥、愚弄下属的手段。才华横溢的青年才俊往往眼里揉不了沙子，遇到一点不公或委屈就抱着“此处不留爷，自有留爷处”的豪情壮志翩翩离去，但是让这些才子们郁闷的是为什么在任何一家公司都得不到重用？因为对上司来说，有能力的人不难找，可是能够抱残守缺，与上司共患难的忠诚人才难找，要知道，上司对忠诚的重视远远超出对能力的渴望。

忠诚是职场中最应值得重视的美德，只有所有的员工对企业忠诚，才能发挥出团队的力量，才能拧成一股绳，劲往一处使，推动企业走向成功。一个公司的生存依靠少数员工的能力和智慧，却需要绝大多数员工的忠诚和勤奋。因此老板在用人时不仅仅看重个人能力，更看重个人品质，而品质中最关键的就是忠诚度。在这个世界上，并不缺乏有能力的人，那种既有能力又忠诚的人才是每一个企业企求的理想人才。人们宁愿信任一个能力差一些却足够忠诚敬业的人，也不愿重用一个朝三暮四、视忠诚为无物的人，哪怕他能力非凡。如果你是老板，你肯定也会这样做。

如果20几岁的年轻人懂得忠诚地对待自己的老板，老板也会真诚地对待你。当你的敬业精神增加一分，别人对你的尊敬也会增加一分。不管20几岁的年轻人能力如何，只要真正表现出对公司足够的忠诚，20几岁的年轻人就能赢得老板的信赖。老板会乐意在这些人身上投资，给这些人培训的机会，提高这些人的技能，因为他认为这些20几岁的年轻人是值得他信赖和培养的。

20几岁的年轻人要懂得对老板忠诚并不只是口头上的，而是要用努力工作的实际行动来体现。因此20几岁的年轻人除了做好份内的事情之外，还应该表现出对帮助老板把事业做兴旺和成功的兴趣，不管老板在不在身边，都要像对待自己的东西一样照看好老板的设备和财产。另外，20几岁的年轻人要认可公司的运作模式，由衷地佩服老板的才能，保持一种和公司同发展的事业心。即使出现分歧，也应该树立忠实的信念，求同存异，化解矛盾。当老板和同事出现错误时，20几岁的年轻人要坦诚地向他们提出来。当公司面临危难的时候，20几岁的年轻人要学会和老板同舟共济。

也许你的上司是一个心胸狭隘的人，不能理解你的真诚，不珍惜你的忠心，20几岁的年轻人也不要因此而产生抵触情绪。老板是人，也有缺点，也可能因为太主观而无法对你做出客观的判断，这个时候20几岁的年轻人应该学会自我肯定。只要20几岁的年轻人竭尽所能，做到问心无愧，就会在不知不觉中提高自己的能力，争取到未来事业成功的砝码。

绝大多数人都必须在一个社会机构中奠基自己的事业生涯。只要20几岁的年轻人还是某一机构中的一员，就应当抛开任何借口，投入自己的忠诚和责任心。一荣俱荣，一损俱损！将身心彻底融入公司，尽职尽责，处处为公司着想，对投资人承担风险的勇气报以钦佩，理解管理者的压力并给予体谅。

忠诚不是一种纯粹的付出，忠诚也会有回报，企业并不仅仅是老板的，同时也属于员工的。忠诚是企业的需要、是老板的需要，但更是员工自己的需要。作为一名员工，你必须忠诚才能立足于职场，你自己才是忠诚的最大受益者。

忠诚已成为现代企业中普遍采用的基本用人标准，每一个企业都需要忠诚的员工。对于一个企业而言，员工必须忠诚于企业的领导者，这是保证整个企业能够正常运行、健康发展的重要因素，因为只有对企业、对领导忠诚了，才会积累起职业责任感和职业道德。一位好员工，除应具备良好的专业技能外，更重要的是积累做人的品德。而忠诚是衡量一个人品德好坏的重要标准。老板都喜欢忠诚的员工，忠诚是你在组织中争取位置的基本保障，作为公司的一分子，给予公司忠诚，肯定会引起老板的注意，你在老板心目中的形象就是肯与公司同进步的人才，一旦有工作需要，老板就会对你委以重任，对于一位员工来说，被老板赋予任务，本身就是一个发展的好机会，是得到老板重用的表现。

千万不要与上司争抢“镜头”

聪明的人，都懂得将自己的锋芒隐藏起来，只有这样，才是真正的聪明。在公司中，无论 20 几岁的年轻人的才能有多么的大，你始终要有一个原则：“不能盖过你的上司，努力使上司成为‘焦点’，让他荣耀。”这样老板才能高兴，才能看重你。

多数领导总是愿意显示出在处理一切重大事情上都比其他人高明，所以 20 几岁的年轻人要明白，自以为是的高明总是讨人嫌的，也特别容易招来同僚和上司的嫉妒。因为大多数人对于在运气上被人超过并不太介意，却没有一个人(尤其是领导人)喜欢在智力和能力上被别人超过，而你时常流露出的“聪明”和“创意”会让别人产生不悦。因此，20几岁的年轻人对寻常的优点不必过于掩盖，而在智力上绝对不要哗众取宠，刺激你的上司，因为智力是人格特征的“广告牌”，是上司最大的面子，冒犯了它无异于犯下“弥天大罪”。

三国时期，曹操的谋士杨修是个聪明绝顶的人。有一年，工匠们为曹操建造相府的大门，当门框做好，正准备做门顶的椽子时，恰好曹操走出来观看。曹操看完后在门框上写了一个“活”字，便扬长而去。杨修见状，立即叫工匠们拆掉重做，并说：“丞相在门框上写个活字，意思是‘门’中有‘活’即‘阔’字，就是说门做得太窄小了，要‘阔’大。”杨修的确够聪明，竟然能够从一个字揣摩出曹操的心里所想，但他的聪明，也招致了曹操的嫉恨。

每个人都有直接影响他前程、事业和情绪的上司。你能与上司和睦相处，对你的身心、前途有极大的影响，所以你要学会与上司相处的艺术。

龚遂是汉宣帝时代一名能干的官吏.当时渤海一带灾害连年，百姓不堪忍受饥饿，纷纷聚众造反，当地官员镇压无效，束手无策，宣帝派已70余岁高龄的龚遂去任渤海太守。龚遂轻车简从到任，安抚百姓，与民休息，鼓励农民垦田种桑。经过几年的治理，渤海一带社会稳定，百姓安居乐业，温饱有余，龚遂名声大振。皇帝听说后，准备召见龚遂，龚遂临回官时一门人说：“天子若问大人如何治理渤海，大人当如何回答？”龚遂说：“我就说任用贤才，使人各尽其能，严格执法，赏罚分明。”门人摇摇头说：“不好！不好！这么说岂不是自夸其功吗？请大人这样回答：‘这不是微臣的功劳，而是天子的神灵威武所感化。’”龚遂接受了他的建议，按他所建议的回答了汉宣帝，宣帝果然十分高兴，便将龚遂留在身边，任以显要而又轻闲的官职。

被别人比下去是件令人恼恨的事情，所以要是上司被20几岁的你超过，这对你来说不仅是蠢事，甚而至于会产生致命后果。因为智力是人格特征之王，冒犯了它无异犯下弥天大罪。当领导的总是要显示出在一切重大的事情上都比其他人高明。

如果20几岁的年轻人想向某人提出忠告，你应该显得你只是在提醒他某种他本来就知道不过偶然忘掉的东西，而不是某种要靠你解迷释惑才能明白的东西。

不要显得比上司还要聪明能干

在待人处世中，20几岁的年轻人想在上司面前显示自己的精明时，应该以不使上司感到过份为标准，绝对不要锋芒毕露，不要让上司被自己搞得难堪，不然就是“聪明反被聪明误”了。

“过分聪明、过分强悍的大将反而是灭家亡国之人。”这是古人曾经说过的一句话，在现在人看来，这话可说是待人处世中的一个成功箴言。

南宋时期的秦桧，可以说得上是一个奸诈之极的人，他有一个下属，也颇具厚黑之能，为了讨好上司，有一次送给秦桧一张名贵的地毯。秦桧把这张地毯往屋里一铺，不大不小，恰好合适。秦桧由此想到，这个人太精明了，他连我屋子的大小都已测出来了，还有什么事情能瞒得了他呢？惯于在背后算计人的秦桧，怎么可能容忍别人对自己的心思掌握得如此透呢？因此，有了这个想法后，那个“聪明”下属的命运也就可想而知了。就连秦桧这样的超级厚黑之人，尚且不愿意手下的人太过于聪明了，更不用说其他的人了。

因此，在待人处世之中，特别是在下属与上司打交道中最忌讳的一点就是，下属在上司面前卖弄自己的聪明。虽然说任何一个上司都很希望自己的下属既聪明能干又对自己绝对的忠诚，但20几岁的年轻人一定要把握好这个度，既不能愚笨木讷，更不可聪明过头。如果你以为千方百计显示自己的才华，便能够博得上司的好感，那就大错特错了。因为你适当地显示自己的能干，一点儿错也没有，岂不知任何事如果做过了头，往往走到事物的反面。如果20几岁的年轻人"聪明"过度，上司就会觉得在你面前什么事都瞒不住，就会疏远你。试想一下，世上之人哪个没点儿个人的隐私？别说高高在上的上司了，就是普通人又有谁愿意把自己的内心世界让别人完全看透，完全没有一点儿的遮掩？

三国时期的杨修，在曹营内任行军主簿，思维敏捷，很是有才气。起初曹操很看重他，可杨修却不安分，经常要要小聪明。有一次，塞北送来一盒酥，曹操在盒子上写了"一盒酥"三字。正巧杨修进来，看了盒子上的字，竟不待曹操说话自取来汤匙与众人分而食之。曹操问是何故，杨修说："盒上明书一人一口酥，岂敢违丞相之命乎？"曹操听了，虽然面带笑容，可是心里却是非常的厌烦的。因为他的心事已被杨修猜透了。

建安二十四年，曹操与刘备争夺汉中，屡遭失败。曹军不知道是进还是退，曹操便以"鸡肋"二字为夜间口令，将士们都不解其意，只有杨修明白："鸡肋就是吃起来没什么味道，丢掉又觉得可惜，丞相的意思是要撤兵啊！"他便私下告诉大家收拾行装，随时准备撤兵。没多久，曹操果然下令撤军了。当曹操知道杨修事先把机密告诉大家时，终于找到借口，以"泄漏机密，私通诸侯"的罪名，将杨修杀了。

杨修是一个绝顶聪明的人，问题在于他太聪明了，处处都要露一手。所谓"恃才放狂"，不顾及别人受不受得了，不考虑别人讨厌不讨厌，而这个别人，正是曹操这个同样聪明过人、恃才傲物的顶头上司。于是，针尖儿对麦芒，杨修终于还是因自己的聪明送掉了自己的小命。

可谓是有超人智慧的杨修，却因过于的自负，不给曹操留一点儿的面子，而丧了性命，这是每一个想以"聪明"博得上司欢心的下属应该吸取的一条教训，曹操的"鸡肋"、"一盒酥"等，都是一种普通的智力测验，是一种文字游戏。他的出发点并不是真为了给大家出题测试，而是为了卖弄自己的超人才智，因此，他主观上并不希望有谁能够点破，只想等人来请教。在这种情况下，哪怕你猜着了，也只能含而不露，甚至还要以某种意义上的“愚笨”去衬托上司的“才智”。但是，杨修却毫不隐讳地屡屡点破了曹操的谜局。虽然说杨修锋芒外露，好逞才能，因此而赔上了自己的性命，未免太可惜了，但杨修聪明反被聪明误的故事告诉我们：在待人处世中，下属千万不可处处一味表现自己，而对于20几岁的年轻人来说，千万不要放任自己，无视上司的自尊心和心理承受能力，锋芒毕露，咄咄逼人，这必然会招来上司的忌恨，引火烧身，最终是害了自己的。

一般来说，人都有过这样的体验：刀刃钝的刀子无论再怎么用力也切不下去，这是无法改变的事实；而刀刃锋利的刀子虽然很好切，但一不小心反而容易切伤自己，一定要非常的小心才可以。由此可以看出，在待人处世中，20几岁的年轻人最好也不要太锋芒毕露了，以免祸起萧墙，惹火烧身。例如，20几岁的年轻人对公司的内情十分了解，当那些弄不清楚真相的人在谈论这件事的时候，其中有些人是想借机探听消息的，而你却毫无戒心，把自己所知道的内情一五一十地全说了出去。结果，本来对这件事并不十分了解的人，反而从你的嘴里得到了情报。如果20几岁的年轻人恰好碰到的是别有用心的人，他再跑到上司面前去搬弄是非，让上司以为是你在随便散播小道消息，结果本来是对自己很有利的情报，反而成为自己的绊脚石，这可真是得不偿失的。

通常的情况下，每个公司都有能力好与能力一般的人，而主管总是喜欢把工作交待给能力比较好的人，认为能力好的人一定能够不负所托地完成任务。但是，这一类的人却多半容易骄傲自满，一有了骄矜之心就容易锋芒毕露，锋芒太露的人反而容易遭人嫉妒。所以，在待人处世中，20几岁的年轻人一定要懂得怎么才能明哲保身，不要随便地展现自己的全部实力，让人了解到自己到底有多少战斗力。

那么，20几岁的年轻人是否感到自己在某方面的才华过于显露了？别忘了宝刀不可随便出鞘的道理。宝刀一定要在最后关头方可出鞘，这样你才有反败为胜的机会。任何时候都不可让对方从一开始就追着你打，到了最后你只能投降另找生路。对方越是不知道你的实力，越是不敢掉以轻心地随便出招。

可以功高，但万不可以功高震主

古往今来，功高震主招来杀身之祸的例子举不胜举，在当今的职场上，功高震主虽不至于招来杀身之祸，但却会阻碍你的发展，20几岁的年轻人在职场上要懂得为职之道，千万不要居功自傲，可以功高，但不可以震主。

“功高震主”乃是古代帝王对权力不安全感的产物，于是他既要人立功，但立了功后他又担心得要命，生怕别人造反篡位。于是，“勇略震主者身危”这种现象遂成了古代高层官场的常态。古代功臣有许多都没有好下场，即见证了“功高震主”的可怕！功高震主招来杀身之祸的韩信就是一个典型的例子。

秦汉之交，风云际会，群雄逐鹿。一介亭长出身的汉高祖刘邦却最终力挽狂澜，脱颖而出，开创了汉代四百多年的基业。在刘邦夺取政权历经腥风血雨的战争中，彪炳史册智勇双全的韩信，应该是汉朝的第一功臣。

韩信以赫赫战功要求自为齐王，刘邦含怒应允，派张良专程去立他为齐王，韩信功高盖世陶醉于军功。汉五年十月，韩信受命于刘邦，率军合围项羽于垓下，围歼楚军，迫使项羽自刎乌江，清除了这个与刘邦争夺天下最强有力的对手。项羽败亡垓下之后，刘邦即褫夺了韩信的兵权，把他改封为楚王，都下邳(江苏睢宁西北)。韩信就国以后，常常陈兵出入，一有机会就夸功争胜，不甘退居人后。项羽既除，刘邦称帝，建立了大汉王朝。刘邦虽用韩信而心存疑忌，但他在与群臣论及楚败汉胜的原因时，依然把韩信与智囊张良、萧何相提并论，说：“运筹帷幄之中决胜千里之外，朕不如张良。镇守国家安抚百姓供给粮饷，朕不如萧何。率军百万攻无不克战无不胜，朕不如韩信”，盛赞这三人都是当代豪杰，因为任用了他们，所以能够夺取天下。但他开始把汉室功臣韩信视为心腹之患和强劲对手。

韩信功高震主，彪炳史册，实在让刘邦望而生畏，韩信也从来不掩饰自己的能耐。一次刘邦与韩信谈论带兵打仗，问韩信说："你看我可以率领多少人马？"韩信说："陛下不过能率领十万人马。"刘邦又问："你自己能带领多少人马？"韩信竟然傲慢地回答："多多益善。"这让刘邦认为是他居功自傲藐视皇帝的最好明证。高祖六年，刘邦采纳陈平的建议，伪游云梦，伺机逮捕韩信，带至洛阳，赦免为淮阴侯。韩信此时才如梦方醒，深刻理解了当初蒯通规劝他"狡兔死，走狗烹；飞鸟尽，良弓藏；敌国破，谋臣亡"的道理。高祖十年，代相陈豨谋反，刘邦率兵平叛。韩信原与陈豨暗通声气，次年又部署家臣诈诏赦诸官徒奴，企图袭击吕后及太子被人告发。吕后与相国萧何合谋，伪称高祖班师回朝，欺骗韩信进入长乐宫中，遂斩于钟室，夷其三族。

韩信功高震主，最终又死于功名，为后人留下了血的教训。所以唐代大诗人刘禹锡有名句说："遂令后代登坛者，每一寻思怕立功。"功高震主遂成为许多人从政的警钟。事实上，功高震主不仅仅适用于政坛，也适用于社会生活的很多方面，在职场上，20几岁的年轻人也要懂得功高震主的道理，在职场上功高震主当然不会像古代的政坛那样引来残酷的杀身之祸，但在职场上倘若真的功高震主，会导致上级压制你，使你难以实现自己的发展，严重的甚至会丢失工作。在这方面，20几岁的年轻人可以向清末的权臣曾国藩学习。

曾国藩集团与清政府之间属于两个相互依存的政治军事实体，既有共同利害也有矛盾冲突。他们在权力分配上又存在着一种此消彼长的关系，不仅包含着满汉之间的矛盾，也存在着中央与地方的矛盾，处理稍有不当，就会酿成大祸。多年来，曾国藩恪守臣道，积极进取，一次次渡过难关，化险为夷。

曾国藩作为权臣，在功高震主之下仍能身名俱泰，关键在于他熟读史书，树立了正确的从政观，看淡权力的得失，引用一班正人，广纳群言，倾听幕僚的意见，认真对待反对者的声音，危难时也不树敌，巧妙周旋，明辨是非，不搞阴谋诡计，善于以退让换平安，恪守臣道，不违友道。在肃清肃顺一伙后，慈禧就曾感叹地说曾国藩为“天下第一正人”。

20几岁的年轻人在职场生活中要像曾国藩在官场上那样，看淡利益的得失，不搞阴谋诡计，即使功很高，也要懂得退让，恪守上下级之道，有了功也不要得意，而是要懂得低调，甚至懂得不居功自傲，甚至在上级的上级面前，懂得给上级留面子，懂得把自己的功推在上级的身上。

与老板同舟共济，与公司荣辱与共

20几岁的年轻人在职场上要学会与老板同舟共济，与公司荣辱与共。这是每个公司的员工应有的素质修养，这样的人更容易取得成功。

不论在什么社会里，企业与员工不是纯金钱关系，不是工资与工作的关系，不是劳动与报酬的关系，而是一种责任，一种做人的最基本的责任。你为此付出了劳动和艰辛，你就能得到回报。公司兴则我兴、公司亡我的责任，这就是我们事业成功的道路。在一本非常畅销的书《与公司共命运》中有这样一个故事：

在洛杉矶，有一名叫杰克的年轻人，在一家有名的广告公司工作，他的总裁叫迈克·约翰逊，年纪比杰克稍微大几岁，管理精明，为人亲和，杰克的工作就是帮总经理签单拉客户，谈判过程中，杰克的谈吐令许多客户所敬佩。

杰克刚进入公司，公司运转正常，杰克工作得得心应手。这时，公司承担了一个大项目的策划——在城市的各条街道做广告。全体员工对此惊喜万分，全身心地投入到工作中去。全市的每个街道都要做10多个广告，全市至少也有几千个，这给公司带来的经济利益和社会效应是十分可观的。

约翰逊总裁在发工资那天召集全体员工开会：“公司承担的这个项目很大，光准备工作就耗资几百万元，公司资金暂时紧张。所以，该月工资就放到下个月一起发放，请你们谅解一下公司。工资早晚都是你们的，只要我们把项目搞好，大家一起来共享利润。"所有的员工都对总裁的话表示赞同。可是，半年以后风云突变。经过公司辛苦奔波，当全套审批手续批下来的时候，公司却因资金缺乏，完全陷入停滞状态。别说给员工发工资，就连日常的费用也只有向银行伸出求援之手。此时公司前景暗淡，欠款数目巨大，银行也不给予他们答复。然而，就在这个困难时期，杰克说出了心里的想法：全体员工集资。总裁笑笑、无奈地拍拍他的肩膀："你们能集多少钱？公司又不是用几十万就能脱离困境，这些只是杯水车薪，连一个缺口都堵不住。"

当约翰逊总裁召集全体员工陈述公司的现状时，一下子人心涣散，人员所剩无几。没有拿到工资的员工将总裁的办公室围得水泄不通，见总裁实在无钱支付工资，他们各取所需，将公司的东西分得一干二净。但杰克并没有放弃，这么好的机会，难道就这样付诸东流吗？他产生了多种莫名的感觉：沙漠里的人也能生存。不到一个星期，公司只剩下屈指可数的几个人时，有人来高薪聘请他，但他只说："公司前景好的时候，给了我许多，现在公司有困难的时候，我得与公司共渡难关，我不会做那样的无道德之事。只要约翰逊总裁没有宣布公司倒闭，总裁留在这里，我就始终不会离开公司，哪怕只剩下我一个人。"

事情总在人的意料中，不久公司只剩下他一个人陪伴约翰逊总裁了，总裁歉疚地问他为什么要留下来，杰克微笑地说了一句话："既然上了船，船遇到惊涛骇浪，就应该同舟共济。"

街道广告属于城市规划的重点项目，他们停顿下来以后，在政府的催促下，公司将这来之不易的项目转移到另一家大公司。但是在签订合同的时候，约翰逊总裁提出了一个不可说不的条件：杰克必须在那家公司里出任项目开发部经理。约翰逊总裁握着杰克的手向那家公司总裁推荐："这是一个难得的人才，只要他上了你的船，就一定会和你风雨同舟。"一个公司需要许多精英人才，但更需要与公司共命运的人才。

加盟新公司后，杰克出任了项目开发部经理。原公司拖欠的工资，新公司补发给了他。新公司的总裁握着他的手微笑着说："这个世界上，能与公司共命运的人才非常难得。或许以后我的公司也会遇到种种困难，我希望有人能与我同舟共济。"杰克在后来几十年的时间里一直没有离开过这个公司，在他的努力下，公司得到了更为快速的发展，如今他已经成为了这家公司的副总裁。

在这里，想说的不是这个年轻人卓越的能力，而是他自至始终都与公司老板同舟共济的精神。

有多少人，当公司有一点风吹草动时，想的不是如何帮助公司渡过难关，而是一门心思在思考自己的退路，如果一个公司里所有的人都这么思考的话，这样的公司怎么可能逃脱破产的命运。这样的人，也许能够找到一份不错的工作，但是，他永远也无法获得卓越的成功，因为，如果你永远以员工的思维方式来思考的话，那么你永远只能是一个员工，当你用老板的思考问题来思维的时候，你就离成为老板的时候不远了。

与公司共命运是20几岁年轻人的使命。公司发展你才能发展，只有公司发达了，你才能够发达；只有公司赢利了，你的工资收入才能有所提高；只有公司发展扩大了，你的才能才有更大的发展空间，你的事业才有更多成功的机会。公司与你的关系就是"一荣俱荣，一损俱损"。

20几岁的年轻人如果要与公司同呼吸共命运，就要把公司的事当作自己的事。20几岁的年轻人不要把报酬放在前面，而要把责任放在前面。天要下雨，一堆材料还未入库，淋雨了就会给公司造成很大的损失；这时你就不能想：不给钱你不管、你不当班你不管、不是你的责任。而应把责任放在前面，公司损失我损失，公司荣我荣，做一个与公司荣辱与共的好员工。

20几岁的年轻人如果要与公司同呼吸共命运，就要当好老板的助手。每一个员工都是老板的助手，设身处地为老板着想，以老板的心态考虑问题，为老板出谋划策，真诚实意地提出合理化建议。20几岁的年轻人要带着热情多做一些事情，来增长自己的知识和才干。

20几岁的年轻人如果要与公司同呼吸共命运，就要养成良好的工作习惯。不仅要考虑眼前的事情，还要谋划长远的目标；不怕任何困难和障碍，向着预定的目标前进。20几岁的年轻人要养成对无益于工作的事情说“不”的习惯。20几岁的年轻人要有将不愉快的工作最早尽快处理完的习惯，要有自动工作，不怠慢工作的习惯，对细小的事情考虑周全，主次分明，迅速解决的习惯。20几岁的年轻人要有保质保量敬业劳作的习惯。20几岁的年轻人还要有和别人协作的习惯，对自己所做的事情负责，不找任何借口。

20几岁的年轻人如果要与公司同呼吸共命运，就要与公司同舟共济。公司是船，你就是水手，让船乘风破浪，安全前行，是你不可推卸的责任。公司的命运就是你的命运，时刻代表公司的形象，做企业的主人，无论遇到什么困难永不后退。工作是你生命的支柱。自尊与自信是成就大事业的必要条件，任何工作只要我们对它有绝对的尊崇，它就具有至高无上的神圣性，没有一件事是卑贱的、可耻的。你所从事的工作，就是你的生命的石像。

20几岁的年轻人如果要与公司同呼吸共命运，就要把忠诚当作是自己应尽的义务。忠诚是人类最重要的美德，对公司的忠诚和决心是一种操守，一种评价员工优劣的尺度。你用真诚的心去对待公司，公司也会用忠诚来回报你。忠诚敬业是对一种职业的负责，20几岁的年轻人一定要对工作有强烈的责任感，真正地喜欢它。20几岁的年轻人只有忠诚于自己的工作，你的全部智慧和精力才可以专注在这个事业上，这个事业才可以称之为你终身的事业。忠诚敬业的人无论走到哪里都会得到别人的信赖；无论从事什么样的工作，都会有成功的机会的。

有时候忠诚胜于能力

忠诚胜于能力。拿破仑说过：不忠诚的士兵，没有资格当士兵。同理，员工如果不忠诚，就不可能成为一名优秀的员工。

企业考察一名员工的优劣，往往有许多素质要求——能力、勤奋、主动、正直、负责……但有一点是肯定的，老板更愿意相信那些对自己对团队忠诚的人，即使他的能力稍微差一些。老板也不会贸然重用那些三心二意、没有忠诚度的人，哪怕他技能一流。当然，既忠诚又有能力的员工会更受欢迎。

在实际工作中，多数人都依靠忠诚和勤劳拼得在公司的立足之地。很多优秀的专业人才，在面试的时候就可能被刷掉了，就是因为他们为了获得这份工作而对原来的工作单位丧失了最起码的忠诚。领导者们相信：一个能对自己原来工作单位忠诚的人，也可以对现在的工作单位忠诚；一个不能忠诚于原来工作单位的人，很难相信他会忠诚于现在的工作单位。个人的忠诚也许会让他失去一些眼前的机会，但从长远来看，他今后赢得的机会会比失去的多得多。除此之外，他还能赢得别人对他的尊重和敬佩。20 几岁的年轻人必须意识到，取得成功的因素最重要的不是一个人的能力，而是他优良的道德品质。

如果把工作比作航船的话，忠诚的人总是坚守着航向，即使有大风大浪，他们也能镇静地掌稳方向，让船驶向更为波澜壮阔的远方。一名优秀的员工所表现出的忠诚不只是停留在口头上，他(她)忠诚于公司，忠诚于老板。朋友间的忠诚，在危险时刻最能得到表现。同样，员工对公司对老板的忠诚也是如此，都需要在困难时刻经受住考验。公司面临危机的时候，也正是检验员工忠诚敬业的时候。优秀的员工总是能和老板同舟共济。相反，缺乏忠诚度，频繁地跳槽看起来只是损害到企业的利益，但从更深层次的角度来说，这对员工的伤害更深。因为，他们的航向一会儿往东，一会儿朝西，他们的许多时间都浪费在找工作上了，而一旦有了工作又不懂得如何去珍惜，最后只能接受被淘汰的命运。

在美国宾夕法尼亚州的山村里，曾有一位出身卑微的马夫。他小时候生活非常贫苦，只受过短时期的学校教育。他从 15 岁那年开始赶马车，两年后他才谋到另外一个职业，每周只有不到三美元的报酬。他无时无刻不在寻找着机会。后来他又应某工程师的招聘，去了卡内基的钢铁公司上班，日薪一美元。但他不仅没有讨厌自己的工作，反而更加勤奋好学，没多久就被提升为技师，接着升任总工程师。到25岁时，他已经是那家公司的总经理了。到了39岁，他一跃升为全美钢铁公司的总经理。他就是现在美国著名的企业家查理·斯瓦布先生。

如果你想学习斯瓦布先生，那么请记住他成功的秘诀：当他每得到一个位置时，看重的并不是薪水，而是把忠诚于自己的职业放到首位，像爱惜自己的眼睛一样珍惜自己获得的职位。他经常用美国西点军校的一句著名格言来勉励自己：像忠诚上帝一样忠诚国家，像忠诚国家一样忠诚职业。

斯瓦布先生的一生就像是一篇情节曲折的童话，我们从他的成功之路中，可以看到努力工作，忠诚于职业所产生的价值。他做任何事情总是十分乐观和愉快，同时还要求自己做得精益求精。

既然忠诚有时胜于能力，是不是能力就不重要了呢？当然不是。忠诚也是要有业绩来做支撑的，而并不是口头上的效忠，而反过来说，业绩也是靠能力来创造的。我们一直在说"人才"，那么"人才"又是指的哪些人呢？我们可以用四个字来概括就是"德才兼备"。

德才兼备的员工，是公司引以为傲的"人才"；退而求其次，能力差一点但绝对忠诚的员工，老板会很放心；再次，只有忠诚而没有能力的人，这样的员工可有可无；最后，就是能力虽然优秀，但丝毫不具备忠诚度的人，这种人一旦搞起破坏来，就会给公司造成巨大损失，我想任何一家企业都不会愿意任用这样的员工的。

20几岁的年轻人作为一名员工，要赢得老板的关注，除了要有过硬的专业技能外，还需要有赢得老板信任的人格魅力，而忠诚无非是最好的选择。如果你忠诚的对待你的老板，你必定会赢得他对你的注意，那么在老板的心里，你就是一个肯与公司同进步的人才。出于对你的信任，一旦有发展的机会，老板一定会第一个想到你，给你锻炼的机会。更重要的是，你的忠诚会为你树立个人品牌，这将是永远都不会贬值的宝贵财富。

急上司之所急，忧上司之所忧

职场上，能为上司分劳的人并不少，而能为上司分忧的人却不多。20几岁的年轻人在职场上要学会急上司之所急，忧上司之所忧，这样的年轻人更容易赢得上司的重视。

工作中，下属所承担和负责的工作，其实都是为了实现上司的绩效和职责。职场中，我们首先是为上司工作，这是一个基本规则；所以，在工作中是为上司分劳还是分忧，结果是完全不一样。不可否认，员工每天所关注的、操办的，其实最多的都是为上司分劳的事儿。例如：

每天，都在忙着手头的工作，感觉筋疲力尽；

上司交代的工作，我们能够很快完成并提交成果；

尽心尽力地辅导自己的下属，希望他们能够独当一面；

兢兢业业地工作，为了把自己份内的工作做完、做好……

能够让自己的上司放心、安心、称心和开心，纯粹是下属职责范围内的事情。作为职场人，特别是想有所作为的职场人，这些份内的、上司分配的工作，只能算是为上司分劳的工作。上司需要的，其实是不单能为自己分劳，而更能为自己分忧的下属。20几岁的年轻人如果希望被自己的上司关注和重视，就要为上司分忧而不单是分劳。

在上司的视野里，下属分为三类，他们分别是：

A类人：能分忧的人。上司们都有自己忧虑的事情，很多是难言之忧；而这些上司所忧虑的事情，是下属们完全可以分担的。那些能想上司所想，忧上司所忧的人，是能为上司分忧的人。能为上司分忧的人，是积极主动地为上司着想的人，做的工作大都是自己认为“应当做的”，他们不会等待上司的吩咐或指示。

B类人：能分劳的人。就是上司叫做什么就做什么，且能做得很好。日常工作，多数都是琐碎的、例行性的工作，而这些工作耗用的主要是体力和时间，较少需要花费智慧，这些事情多属于“必须做”的工作，而分劳的来源在于履行工作职责和上司的任务指派。

C类人：既不能分忧也不能分劳，且经常添乱的人。这种人不仅不能完成为上司分忧和分劳的工作，而且还经常为领导惹麻烦、添乱子，是注定要被淘汰的。

如果，20几岁的年轻人希望能够被公司认可，委以重任，首先必须使自己能成为为上司和公司分忧的人。为上司分忧的人，能够发现和注意到别人视线所不及的问题，并能够主动提出解决方案；能够提前预知到各种可能的问题和风险，并进而预先完成可以应对的策略；能够打破潜规则，就那些常见的问题提供更好的管理方案。

职场中，更多的是能够为上司分劳的人，他们或者能够按部就班地完成自己的工作，或者能够保质保量地完成自己的销售任务，或者能够给其他同事提供完整的服务，等等。他们承担着大量的日常工作，最终获得的是稳定的工作、良好的口碑或者较低的管理职位。能够为上司分忧，是优秀管理者的必备素质。遗憾的是，并没有人，也没有哪条规则告知人们要为上司分忧，这完全是出于个人意识，且外在表现为积极主动的行为。分忧和分劳看似差别不大，但却是完全不同的两种态度。当然，分劳是分忧的基础，分忧的人当然必须首先能够分劳，而分劳的人则不见得能分忧。

职场成功的过程，实际上就是学会为上司分忧的过程。分忧需要20几岁的年轻人站在更高的工作高度，想上司所想，急上司所急，忧上司所忧，积极主动地发现问题并寻找解决对策，能不再依赖上司的指派而进行工作。总之，20几岁的年轻人如果希望并得到上司的重视，第一反应就必须使自己成为能为上司分忧的人。

得罪上司啦？你也可以力挽狂澜

不论对错，在职场中得罪了上司总不是一件好事。如果当事人碍于面子或感情用事，不能及时化解的话，很可能会使双方关系进一步恶化，最后导致自己无奈离职。实际上，只要心诚且方法得当，疙瘩还是很容易解开的。

刚大学毕业的小方踌躇满志，准备在工作上大干一场，然而他的很多意见却被上司认为是行不通的，在一次工作会议上，当小方的方案再一次被毙掉时，他一时失控，与上司争吵了起来。从那之后，小方感觉到上司对自己越来越冷淡，他并不想因此失去工作，却又不知该如何解开与上司结下的结。

不管谁是谁非，“得罪”上司无论从哪个角度来说都不是件好事，只要你没想调离或辞职，就不可让你们的关系陷入僵局。以下几种对策可为你留有回旋的余地：

1.不要寄希望于别人的理解

无论何种原因“得罪”上司，我们往往会想向同事诉说苦衷。如果失误在于上司，同事对此不好表态，也不愿介入你与上司的争执，又怎能安慰你呢？假如是你自己造成的，他们也不忍心再说你的不是，往你的伤口上撒盐；更有居心不良的人会添枝加叶后反馈回上司那儿，加深你与上司之间的裂痕。所以最好的办法是自己清醒地理清问题的症结，找出合适的解决方式，使自己与上司的关系重新有一个良好的开始。

2.找个合适的机会沟通

消除你与上司之间的隔阂是很有必要的，最好是自己主动伸出“橄榄枝”。如果是你错了，你就要有认错的勇气，找出造成自己与上司分歧的症结，向上司做解释，表明自己要在以后以此为鉴，希望继续得到上司的关心。假若是上司的原因，在较为宽松的时候，以婉转的方式，把自己的想法与对方沟通一下，你也可以为自己的一时冲动或是方式还欠周到等原因，无伤大雅地请求上司要求宽宏，这样既可达到相互沟通的目的，又可以替其提供一个体面的台阶下，有益于恢复你与上司之间的良好关系。

3.利用一些轻松的场合表示对他的尊重

即使是开明的上司也很注重自己的权威，都希望得到下属的尊重，所以，当你与上司冲突后，最好让不愉快成为过去，你不妨在一些轻松的场合，比如会餐、联谊活动等，向上司问个好，敬下酒，表示你对对方的尊重，上司自会记在心里，排除或是淡化对你的敌意，也同时向人们展示你的修养与风范。

4.积极干好工作，切忌消极

一旦得罪了上司，他也许从此就对你抱有成见，说不定什么时候就给你双“小鞋”穿。面对这种局面，你一定不好受，甚至可能还有点绝望，但不管如何，你切莫以此为理由消极怠工，对工作敷衍了事。

作为下属你应该明白，你是在为公司工作，不是为上司一个人服务，干好手头的工作是你的本职。你可以与上司不论私人感情，但不能不论工作关系，否则上司以此为把柄拿你问罪，如此你的处境恐怕就会雪上加霜，有口难辩。既然与上司的矛盾暂时难以化解，那你就不妨面对现实，暂且忍耐。忍一下、吃点苦、不与上司对抗，不是软弱可欺的表现，而是为了避免矛盾的进一步激化。事物总是在不断发展变化，在机会来临之际，就是你施展才干、干一番事业之时。

5.吃一堑，长一智

其实，有时尽管问题出在自己身上，也不见得非要找上司承认错误，说个明白。这还要看上司的具体情况，比如说以上司的人品，他是否会接受你的解释？事情会不会越搞越糟？如果你对此没有把握，倒不如以此为训，以实际行动坚决改正，决不重复过去的错误。

倘若你尽了很大努力仍不能改变上司对你的态度，那你就要考虑寻求外援了，比如说找一个与你的上司私人关系很好的其他领导或是在你的上司面前能说得上话的人当调解人，从中协调，说不定你和上司的矛盾就会“大事化小，小事化了”。倘若此法仍行不通，还不如暂且忍一忍或者和和气气地调离这个工作岗位。

第十章

20 几岁该挣的不只是薪水，是行动效率

20 几岁的年轻人不要寄希望于从天上掉下成功的馅饼，而是要用自己的行动来实现自己在职场上的成功。为了提高行动的效率，20 几岁的年轻人要在职场生活中养成立即行动的习惯，不要让自己输在行动这一起跑线上。要知道机会总是留给一直行动的人，20 几岁的年轻人要停止空想，立即开始行动，用行动打破镜中花和水中月的迷梦，实现自己的职场抱负。

成功不会是天上掉下的馅饼

20几岁的年轻人不要把职场上的成功看得太遥远，也不要把职场上的成功看得太容易，职场上的成功决不会是天上掉馅饼，它需要你的努力。

每个人都能成功，然而，成功并不是轻而易举就能获得的，只有付出才能成功，职场上的成功也如此。机会，凭自己争取；命运，靠自己掌握；未来，在自己手中。20几岁的年轻人要获得成功，绝没有捷径，只有靠自己的努力拼搏才能够胜出。

职场是一个多彩的舞台，每一个人都是这个舞台的主角；生命是自己的画板，未来靠自己着色。20几岁的年轻人要想在职场上获得成功，就需要付出，付出的越多，得到的也将会越多。在想要得到成功的过程中，困难是必然的，那就要看你如何选择了：是笑着迎接，还是哭着退缩。眼泪跟笑容每个人都有，20几岁的年轻人只有微笑地挑战困难，才有机会到达胜利的彼岸。

遇到挫折，望而生畏，20几岁的年轻人永远也不会成功；但如果勇于挑战，即使失败，其过程也会是你一生难忘的经历。失败是成功之母，只有酸甜苦辣都尝过，20几岁的年轻人才有可能更充分地珍惜来之不易的成功；即使在挑战之后失败了，也会在与之相处中找到属于自己的快乐。

20几岁年轻人的职场未来只有靠自己创造，没有人能代你努力。职场未来的路不会平坦，就好像船只也会遇到风浪一样，但风浪过后又将是一片宁静。20几岁的年轻人在职场上获得成功，就得付出、就得努力，每个人都有成功的机会，且机会很多，但不是它来找你，而是要靠你自己去抓住它，只要你鼓足勇气，锲而不舍地朝着自己的梦想努力，那就一定会获得成功。

20几岁的年轻人在职场上都有获得成功的机会。职场的道路是曲折的，在未来的路途中，都会遇到挫折，碰到坎坷。在困难面前，如果选择了迎面而上，勇敢地去面对，去克服它，那么，迎来的将是胜利的微笑、成功的喜悦。

莫让自己输在行动这一起跑线上

杰出的成功者与众不同的特质只有一个，就是能在必要时刻采取行动。停留在冥想之中是注定无法成功的。20几岁的年轻人不要让自己一直停留在冥想中，在起跑线上就先输给行动。

20几岁的年轻人要成功，就必须踏出第一步。不要说任何停顿的理由，你不可能等沿途的绿灯都亮了才上路，那样你将永远都上不了路。

一位63岁的老太太菲莉皮亚夫人，决定从纽约市步行到佛罗里达州的迈阿密市。她到了迈阿密市，在那儿一些记者访问了她。他们想知道，这种长途跋涉的想法是否曾经吓倒过她？她是如何鼓足勇气徒步旅行的？

"走一步路是不需要鼓足勇气的。"菲莉皮亚夫人答道，"真的，我所做的一切就是这样。我只是走了一步，接着再走一步，然后再走一步，一步一步地，我就到了这里。关键是敢于迈出第一步。"

寻找借口的一个直接后果就是拖延，而拖延是最具破坏性、最危险的恶习，它使你丧失了主动的进取心。拖延的恶习也有积累性，唯一的解决良方，正是行动。做事拖延的员工决不是称职的员工。如果你存心拖延逃避，就能找出成打的借口来解释为什么事情不可能完成或做不了，而为什么事情该做的理由却少之又少。把"事情太困难、太花时间"种种借口合理化，要比相信"只要我们够努力、够聪明、衷心期盼，就能完成任何事"容易得多。我们不愿许下承诺，只想找个借口。如果20几岁的年轻人发现自己经常为了没做某些事而制造借口，或是想出千百个理由来为没能如期实现计划而狡辩，那么现在正是该面对现实好好检讨的时候了,别再解释,动手做去吧!

很多年轻人常常因为别人的一句话,就开始思考自己做的到底对不对,然后陷入沉思,犹豫不决,拿不定主意,然后在百般煎熬后放弃本来的想法,顺从别人的意见,结果又后悔。这是因为他不清楚自己要的是什么,所以随便听了别人一句话就产生动摇,改来改去,导致最后什么都做不好。20几岁的年轻人一定要坚守自己的信念,果断地拿出行动的办法,并在适当的时机迈出行动的步伐。

一只山羊在觅食的时候发现一处菜园,以及远方的一座果园。它犹豫着应该吃哪种才好。几经考虑后,它决定到菜园里享受白菜的滋味,但却发现菜园的栅栏很密,要挤进去没那么容易。这时候,它看见自己的影子在太阳的照射下,显得很长很长,山羊心里想:“我长的这么高,一定可以吃到树上的果子,果子可是比白菜多汁又鲜美呢!”于是山羊朝果园奔去。

等山羊到达果园的时候,已经是中午了,日正当中,山羊的影子变得很小一团,山羊看了,感叹地说:“唉!原来我长得这么矮小,怎么吃得到树上的果子呢?还是回去吃白菜吧!”于是,山羊转身跑回菜园。

等到山羊再次来到栅栏外的时候,太阳已经快下山了,山羊的影子又因为太阳斜射的关系,变得很长很长。山羊看了,懊恼地说:“我干嘛跑回来呢?凭我这么大的个子,吃树上的果子根本没问题啊!”

这个故事中的山羊根本完全不了解自己,又缺乏主见,所做的决定随太阳照射产生的影子不停改变,最后根本什么也吃不到。如果他坚持原本的决定想办法挤进栅栏,早就已经饱餐一顿了!

当你看到别人成功的时候,会不会羡慕到不行,然后急着去拷贝他的成功模式,按他所说的去做?在你看来,这个人说的对,那个人说的也对,这个人做得很顺利,那个人做得很成功,但是当你把他们的成功模式套到自己身上时,却是这里出错,那里出错,根本无法达到你预期的成果,这是为什么呢?最主要的原因就在于你根本不了解自己,也不清楚自己想要的是什么,就像故事中的山羊一样。

如果山羊能在选定目标后就坚定初衷，不见异思迁，不好高骛远，想办法突破栅栏的限制，早就进去享用大餐了。所以选定目标后，马上制订计划去完成，不需要因为别人讲什么而去影响自己，因为目标是自己的，不要因为别人的一句话就产生动摇。

说一百次不如行动一次

关于说与做，高尔基曾说过这样一句话："把说的话变成行动，比把行动变成话要难得多。"这说明了说与做的关系，即：少说空话，多干实事。事实才能说明一切，证明一切。

20几岁的年轻人在工作中，当被问到自己的工作岗位是否重要、劳动强度是否大、工作量是否大时，我想每个人的回答都是的。至于说什么、做什么，则更是五花八门、难以言说了。但是你是否对工作具有责任心，工作过程中的态度是否认真呢？是否有敬业精神呢？

日本前邮政大臣野田圣子在正式步入社会，迈出她人生的第一步时便暗下决心：一定要好好干！但想不到：上司安排她洗厕所！而且上司对她的工作质量要求非常的高，必须把马桶擦洗得光洁如新！她当然知道难以实现光洁如新这一高标准的质量要求。是继续干下去，还是另谋职业？她不甘心就这样打退堂鼓，因为她想起了自己初来时曾下过的决心：人生第一步一定要走好，马虎不得！正在此关键时刻，同单位一位前辈及时出现在她面前，帮她摆脱困惑、苦恼，帮她迈好这人生的第一步，更重要的是帮助她认清了人生路应该如何走。但他并没有用空洞的理论去说教，只是亲自做了个样子给她看了一遍。他一遍遍地擦洗着马桶，直到抹洗得光洁如新。然后，他从马桶里盛了一杯水,竟然毫不勉强的一饮而尽喝了下去!实际行动胜过万语千言,他不用一言一语就向她证实了对自己工作的质量充满了信心,因为马桶中的水已经干净得达到可以喝的程度了。

后来,她的工作质量也达到了这位前辈的水平,当然她也多次喝过自己擦洗干净的马桶里的水,为了检验自己的自信心,为了证实自己的工作质量,也为了强化自己的敬业心;从此,开始了她不断走向成功的人生历程。

这个真实的故事虽然听起来有点极端,但是这至少告诉了我们无论做什么事,都一定做到最好的道理。用行动向别人展示你对自己工作的质量充满信心,不给那些只会说而不去做的人有可趁之机。

待会儿再做,是大多数20几岁的年轻人拥有的通病。明明注意到了某件须立即完成的事,却因为手上还有其他的事情而搁置不做了,甚至在有意无意间将它遗忘。有时候,偶尔想起它来,却又让另一件事抢先占据了心思,而将之摆到一旁,所以如此的一再拖延,也就永远失去了实现的一天。即知即行是可以克服拖延最好的方法,很多人往往都会提出许多美丽的构想,大部分是不容易实现的还有一部分有可能是不能实现的,譬如那些最引人心动的构想,如永动机,只要永动机建成了,人类就有了取之不竭的资源,非常美妙。可惜能量守恒定律证明,能量是不可能被凭空制造的。的确,想时容易做时难,做到反映了一个人的执行力,许多难做的事情是可以实现的,只要它不是"永动机",是可能实现的,就要为此付出汗水。

无论在工作中还是在生活上,做好每一件事情对于20几岁的年轻人来说都是非常必要的,20几岁的年轻人要远离说大话,真正做到说到不如做到。

前面大路小路纵横交错,犹如一张理不清的网。

一个智者走到网跟前,很优雅地弯下腰,一点一点地慢腾腾地理着网,一边自言自语地说:"我要找出一条路来。"一个愚者走到网跟前,看了看网,就果敢地迈步向网中走去,一边走,一边理着网。

几天以后,愚者回来了。他衣衫破烂,身上有一道一道的伤痕,但是他找到了一条适合自己走的路，在那条路上，洒着斑斑点点的血迹。愚者整理了一下破烂的衣衫，又出发寻找新的道路去了。

那位智者依然在很优雅地理着网，依然在自言自语地说道："我要找出一条路来。"

嘴动不如行动，路是靠人走出来的，而不是靠人说出来的。人生的道路是充满荆棘的，想好了方向就要勇敢的迈出脚步，坚定不移的往前走，那么前方的道路将会越来越光明。20几岁的年轻人就是要大胆的往前冲，考虑那么多的因素，只会让自己困得越厉害。职场需要的是实干家，而不是演讲家。雄心万丈地躺在床上只能一无所成，所以就是百说不如一做，必须有明确的目标和果断的行动！有人说：对一个人的评价不能看他说什么。孔子说：其身正，不令而行；其身不正，虽令不从，也都是这个道理。20几岁的年轻人要说到做到、先做再说，而不要只说不做，也不要只是埋头苦干不说。说，不要漫无边际的空论，要说到点子上；做，也不要东奔西跑白忙活找不着方向，要做有效率的实事。

有句话说得好："100次心动不如一次行动！"因为行动是一个敢于改变自我、拯救自我的标志，是一个人能力有多大的证明。光心想、光会说，都是虚的，不能看到一点实际的东西。美国著名成功学大师杰弗逊说："一次行动足以显示一个人的弱点和优点是什么，能够及时提醒此人找到人生的突破口。"毫无疑问，那些成大事者都是勤于行动和巧妙行动的大师。这样的例子，我们可以举出无数。在人生的道路上，我们需要的是：用行动来证明和兑现曾经心动过的事情。

用行动打破镜中花和水中月的迷梦

行动力很重要，20几岁的年轻人在职场上要积极些，用行动打破镜中花和水中月，实现自己的职场抱负。

有句话：三思而后行，就是在做任何事之前，要反复思考可行性，然后再行动，以减少行动的失误。但是思考而后行有时也会带来弊病，拖延到一定的时候就不行动了。有的人想得太多，一直在想做这件事的困难性，于是觉得自己的能力不够。有的人找借口自己没有时间去做，于是永远没有时间。时间不等任何人，一年后，有的人还是没有开始，有的人已经放弃了这件事，只有马上去做的那个人才有可能品尝到成功的喜悦。

在四川的偏远地区有两个和尚，其中一个贫穷，一个富裕。

有一天，穷和尚对富和尚说："我想到南海去，您看怎么样？"

富和尚说："你凭什么去呢？"

穷和尚说："我凭一个水瓶、一个饭钵就足够了。"

富和尚说："我多年来就想租条船沿着长江而下，现在还没做到呢，你凭什么去?!"

第二年，穷和尚从南海归来，把去南海的事告诉富和尚，富和尚深感惭愧。

穷和尚与富和尚的故事讲述了一个简单的道理：说一尺，不如行一寸。先行动起来，在行动中去检验、去完善。

世界著名的军事统帅拿破仑·波拿巴有句名言："我总是先投入战斗，再制定作战计划。"只有行动才能使人"更好"。因此我们最聪明的做法就是起而行，向前，去实现自己向往的目标，想做什么就去做，然后再考虑完善自我或完善目标。20几岁的年轻人只要行动起来，生活就会走向美好。行动力很重要，20几岁的年轻人要积极些，用行动打破镜中花和水中月。

一个人在野外行走，他一口气走了十多里路，十分口渴，其实问题不难解决，前方不远处就有一条小溪，这个人马上向前奔去，可能是渴得眼花了，"当"的一声，他撞到了一棵大树。本来又渴又累的他，再加上撞了树，便一点也不想走了，他就躺在树下，树为他打伞，风为他擦汗，不一会儿他便觉得好受多了。

他是一个爱瞎想的人。头虽然不疼了，但是他并没有马上去喝水，只是挪挪身子，躺在地上让自己更舒服点，就海阔天空地想起来：小溪为什么不从树下流过，要不，我就能把小溪的水喝干。小溪的水没放糖，说不定还有一股腥味，不好喝，不如树下有个卖免费绿豆汤的，那冰冰的、甜甜的绿豆汤，喝上一口，连五脏六腑也冰冰的。但绿豆汤喝多了胀肚子，不如让这棵树变成葡萄树，葡萄都成熟了，风一吹，葡萄就会往下落，我一张嘴，一定会稳稳当当的来它十个。不过，葡萄个小，不过瘾，吃多了又酸，不如树下是个西瓜地，我手抱一个西瓜，头枕一个西瓜，把手中的掰开，吃着红色的瓤，蜜一样的汁水向下流……

他想了好久，把解渴的东西想了一遍，可还是口干舌燥，只好站起来，走到小溪，喝下第一口水，感到凉丝丝的，喝下第二口水，顿时忘了绿豆汤、葡萄、西瓜，喝了第三口水，便精神百倍地上路了。

看来，一个小小的行动远远胜过许多美好的空想。心动不如行动。当20几岁的年轻人为自己确立了发展的目标后，就要立即采取行动为实现自己的理想去努力，不要有任何的犹豫，更不能拖拉偷懒。只有在行动中才能捕捉到成功的机会，20几岁的年轻人就算为自己设想再好的目标，如果不去行动，那目标也只能存在于虚幻中，永远也变不成现实。

许多人做事都有一种习惯，非等算计到“万无一失”才开始行动。其实，这是“惰性”在作怪，周密计划只不过是一个不想行动的借口。首先，生活中、工作中的目标，并非都是“生死攸关”，即使贸然行动，也不会有什么大不了的事发生；其次，目标是对未来的设计，肯定有许多把握不准的因素，目标真的适合自己吗，其可行性如何，也只有行动才是最好的检验。

一位侨居海外的华裔大富翁，小时候家里很穷，在一次放学回家的路上，他忍不住问妈妈：“别的小朋友都有汽车接送，为什么我们总是走回家？”妈妈无可奈何地说：“我们家穷！”“为什么我们家穷呢？”妈妈告诉他：“孩子，你爷爷的父亲，本是个穷书生，十几年的寒窗苦读，终于考取了状元，官达二品，富甲一方。哪知你爷爷游手好闲，贪图享乐，不思进取，坐吃山空，一生中不曾努力干过什么，因此家道败落。你父亲生长在时局动荡战乱的年代，总是感叹生不逢时，想从军又怕打仗，想经商时又错失良机，就这样一事无成，抱憾而终。临终前他留下一句话：大鱼吃小鱼，快鱼吃慢鱼。”

“孩子，家族的振兴就靠你了，干事情想到了看准了就得行动起来，抢在别人前面，努力地干了才会有成功。”他牢记了妈妈的话，以十亩祖田和三间老房子为本钱，成为今天《财富》华人富翁排名榜前五名。他在自传的扉页上写下这样一句话：“想到了，就是发现了商机，行动起来，就要不懈努力，成功仅在于领先别人半步。”

20几岁的年轻人在职场上要懂得立刻行动起来，不要有任何的耽搁。要知道世界上所有的计划都不能帮助你成功，要想实现理想，就得赶快行动起来。成功的道路有千条万条，但是行动却是每一个成功者必须要付出的，行动也是通向成功的捷径。

当小燕得知一家企业内刊招聘记者，当即赶了过去。

到现场一看，仅有的一个岗位，竞争者竟达120多人！而且其间又不乏学历、资历、年龄、口才诸方面胜过自己者。见此阵势，小燕本欲打退堂鼓，可又一想既然来了，长长见识也是好的，便耐着性子坐下来。

面试的人太多，主考官是该公司的老总，小燕又被安排在后面，看着应聘者一个接一个脸色沉重地走出考场，她已预感到形势对自己越来越不利，必须采取独特的面试方式打动老总才能出奇制胜。

这时候，在会客室里坐等的几位应聘者开始闲聊。其中有这么几句牢骚话引起了小燕的注意：“来的都是有经验的人，小不点儿的内刊还拿不下来？一个面试还搞这么复杂！”“肯定要当面出题让应聘者动笔，不怕它，都带了作品集了，还说明不了问题？”

小燕心里一动，当即赶往楼下的打字店，以“求贤若渴”为题写下一篇现场短新闻。回到会客室时，正好轮到她出场了。

面试的内容有些出乎小燕的意料，神色已略显疲惫的老总既没提业务，也不问应聘者的经历，而是要小燕从自己的角度谈谈如何当好内刊记者。小燕当即递上刚打印完的那篇短新闻稿说自己的角度就是“敏锐”。

小燕成了应聘人员中百里挑一的幸运儿。老总说：“其实正确的方法大家都注意到了，但心动不如行动，只有你当时把大家都注意到的东西先做在了前面。”

一旦你坚定了信念，接下来就赶紧行动起来。这会使你前行的车轮运转起来，并创造你所需要的必要动力。一位演讲家曾经说过，说空话只能导致你一事无成，要养成行动大于言论的习惯，那么即使是再艰难、再巨大的目标也是能够实现的。

也许你早已经为自己的未来勾画了一个美好的蓝图，但是它同时也给你带来烦恼，你感到自己迟迟不能将计划付诸实施，你总是在寻找更好的机会，或者常常对自己说：留着明天再做。这些做法将极大地影响你的做事效率。因此，20几岁的年轻人要获得成功，必须立刻开始行动。任何一个伟大的计划，如果不去行动，就像只有设计图纸而没有盖起来的房子一样，只能是一个空中楼阁。

目标再伟大，如果不去落实，永远只能是空想。成功在于意念，更在于行动。制定目标是为了达到目标，目标制定好之后，20几岁的年轻人就要付诸行动去实现它。如果不化目标为行动，那么所制定的目标就成了毫无意义的东西。就难以打破镜中花和水中月的迷梦了。

停止空想，开始行动

有这样一些年轻的职场人，他们总是说从今天开始好好工作，争取升职加薪。但是他们的计划永远都是空想，他们从来没有试想过自己到底做了没有。20几岁的年轻人在职场生活中要停止空想，开始行动。

子曰："先听其言，而后从之。"良好的思想是最美的花朵，但躺着做梦而不去付诸实际行动，只能是空想。给思想一个开花的机会，才能收获芬芳。给自己一个行动的机会，才能迈出成功的第一步。杰克·韦尔奇给青年人的忠告是：如果你有一个梦想，或者决定做一件事，那么，就立刻行动起来。如果你只想不做，是不会有所收获的。要知道，100次心动不如一次行动。

在生活中至少存在两种类型的人：一是天天沉浸于幻想中，看不到一点行动的痕迹；二是善于把想法落实到计划中，成为一个敢于行动的人。天天沉溺于幻想而不行动的人注定会一直失败。他们常常把失败的原因归罪于外部因素，而不是从自身找到失败的病根子。其中很重要的一条是：这些人常常是一名幻想大师，面对那些看不见、摸不着的东西时时心动不已，总以为光凭自己的意愿就能实现人生理想，就能过自己想过的日子，就能成为一个被人羡慕的人。抛开这些特定的人不讲，实际上在我们身边，那些天天抱头空想自己未来的人，之所以没有人生的进展，就在于他们都是"心动专家"，而不是"行动大师"。

有人说，心想事成。这句话本身没有错，但是很多人只把想法停留在空想的世界中，而不落实到具体的行动中，因此常常是竹篮子打水一场空。当然，也有一些人是想的多干的少，这种人只比那些纯粹的"心动专家"要强一点点儿。因为行动是一个敢于改变自我、拯救自我的标志，是一个人能力有多大的证明。光心想、光会说，都是虚的，不能看到一点实际的东西。美国著名成功学大师马克·杰弗逊说："一次行动足以显示一个人的弱点和优点是什么，能够及时提醒此人找到人生的突破口。"毫无疑问，那些成大事者都是勤于行动和巧妙行动的大师。在人生的道路上，我们需要的是：用实际行动来证明自己和兑现曾经心动过的金点子！

20几岁的年轻人在职场生活中，要停止空想，立刻行动起来，不要有任何的耽搁。要知道世界上所有的计划都不能帮助你成功，要想实现理想，就得赶快行动起来。成功者的路有千条万条，但是行动却是每一个成功者的必经之路，也是一条捷径。

也许20几岁的年轻人早已经为自己的职场未来勾画了一个美好的蓝图，但是它同时也给你带来烦恼，你感到自己迟迟不能将计划付诸实施，你总是在寻找更好的机会，或者常常对自己说：留着明天再做。这些做法将极大地影响你的做事效率。因此，要想获得成功，必须立刻开始行动。任何一个伟大的计划，如果不去行动，就像只有设计图纸而没有盖起来的房子一样，只能是一个空中楼阁。

一旦20几岁的年轻人坚定了信念，就要在接下来的24小时里赶紧行动起来。这会使你前行的车轮运转起来，并创造你所需要的动力。一位演讲家曾经说过，说空话只能导致你的一事无成，要养成行动大于言论的习惯，那么即使是很艰难、很巨大的目标也能够实现。如果20几岁的年轻人不想成为一个空想家，更不想一事无成，就要停止空想，开始行动。

此时不做，更待何时

立即行动，办事不拖延可以提高行动的效率，20几岁的年轻人在职场上要养成立即行动的习惯，要记住此时不行动，也许永远就没有机会了。

各行业中首屈一指的成功人士都有一个共同的优点：他们办事言出即行。这种能力会取代智力、才能和社交能力，来决定你的工资范围和晋升速度。虽然这个观念很简单，不过很多希望成功的人却正是败在这点上。立即行动的习惯，也就是立即把思想付诸行动的习惯，这对完成事情来说是必不可少的。

如果20几岁的年轻人想等条件都完美了才开始行动，那很可能永远都不会开始。因为总是会有些事情不是那么好。或是错过时机，行情不好，或是竞争太激烈。现实世界中没有完美的开始时间。你必须在问题出现的时候就行动起来并把它们处理好。要知道此时不做，也许就永远不会做了。

曼利喜欢打猎和钓鱼。他最大的快乐就是带着钓鱼竿和来复枪进入森林宿营，几天之后再带着一身的疲惫和泥泞心满意足地回来。

他惟一的困扰是，这项嗜好会花去太多的时间。有一天，他依依不舍地离开宿营的湖边，回到现实的保险业务工作中时，突然有一个想法，在荒野探险之中，也许有人会买保险。如果真是这样，岂不是在外出狩猎时，他也一样可以工作了吗？果然，阿拉斯加铁路公司的员工正是如此；散居在铁路沿线的猎人、矿工也都是他的潜在客户。

他立刻做好计划，搭船前往阿拉斯加。他沿着铁路来回数次，"步行的曼利"是那些与世隔绝的人们对他的昵称。他受到热烈的欢迎，他不但是惟一和他们接触的保险业务员，更是外面世界的象征。除此之外，他还免费教他们理发和烹饪，经常受邀成为座上宾，享受佳肴。在短短一年内，他的业绩突破了百万美元，同时享受了登山、打猎和钓鱼的无限乐趣，把工作和生活做了最完美的结合！

比尔·盖茨说："想做的事情，立刻去做！当'立刻去做'从潜意识中浮现时，立即付诸行动。"如果你在想法产生时没有立即行动，就可能因此而失去成功的机会。

立即行动可以应用在人生的每一阶段，帮助你做自己应该做却不想做的事情。20几岁的年轻人要学会对不愉快的工作不再拖延，像曼利一样，抓住稍纵即逝的宝贵时机，实现梦想。

人们并不能够总是在接受一项新的计划或任务的时候，就立即着手去做。但是至少要有一个大致的计划，这样对完成任务的过程很有帮助。在接收到信息的时候立即行动，尽快完成任务，这点是非常重要的。

如果20几岁的年轻人想要在工作或者社会中取得成绩，给别人留下好的印象，那么就要尽快着手工作，迅速地完成任务。因为这样就会让别人觉得你值得信赖，一定可以按时完成工作，于是你也会得到应得的奖赏和器重。

天空掉下来的只有雨点，永远不会有面包。所以20几岁的年轻人不要仰望天空，坐等机会掉进你的怀里，只有弱者才会等待机会，优秀的人是不会等待机会的到来，而是寻找并攫取机会、把握机会、征服机会，让机会成为服务于他的奴仆。

机会总是留给一直行动的人

20几岁的年轻人只有行动起来并且一直坚持行动才能和成功越来越接近，才不会错过成功的种种机会。

机遇存在于平凡的生活之中，生活和机遇是统一的，它们之间是不可分割、相互联系的，把远大的理想同脚踏实地的工作联系起来，在平凡的生活中埋头苦干，坚持不懈，总会找到成功的机遇。“机会偏爱有行动的人！”有头脑的人才可能拥有机会，机会是为能够随时行动的人准备的。只有有头脑才可以发现机遇，只有行动才能把握机遇，否则就只能望“机遇”而兴叹了。

机会总是给有行动的人、有远见的人、有准备的人。成功者之所以成功，是因为在大家犹豫、怀疑、徘徊的时候，这些人却在行动。

在校学习期间就对软件开发和程序编写非常迷恋的韩岳霖，早早便确定了自己的创业梦想。毕业之后，他先是在一家网络运营公司积累经验，然后又与同学一起成立工作室，最终成立一家网络科技公司。在经历过种种的磨难之后，韩岳霖感悟最深的一句话就是，机会总是留给一直行动的人。

在青岛酒店管理学院上学时，韩岳霖便向往着毕业后做一份跟程序开发相关的工作，并且梦想着成立一家公司。有了梦想的韩岳霖在大学期间学习非常有针对性，毕业后顺利进入一间网络运营公司。

2008年初，随着对公司运营的进一步了解，韩岳霖与同学组建"Susie网络工作室"，正式开始自己创业的旅程。工作室成立初期，连续几个月都没有客户。面对困难，韩岳霖没有退缩，他与合伙人一起寻找问题所在。经过分析，他们发现线下联系客户成本很高而且效率较低，于是便尝试线上搜集联系客户，利用互联网来提高工作室知名度。"很快，我们便联系到第一个客户，并做成第一笔单。"韩岳霖表示，随后工作开展得更加顺利，小到普通企业网站，大到某个行业的门户站，都有过成功的案例。

为寻求更大的发展，韩岳霖在2009年3月注册成立盛世共赢网络科技有限公司。公司成立之后，韩岳霖发现新的问题又来了。"没有合适的办公场所。"韩岳霖表示，由于缺少资金，他们创业初期希望能够找到一个租金便宜，而且有档次的办公场所。但这种地方并不好找，在韩岳霖一筹莫展之时，李沧区大学生创业孵化基地的老师打来了电话。"在了解到我们的情况后，老师推荐我们进入孵化基地。"韩岳霖表示，进入基地第一年是免房租的，对于刚刚起步的他们来说，无异于雪中送炭。去年9月，韩岳霖的公司正式进驻李沧区大学生创业孵化基地。据了解，目前他们公司的主要工作是维持旧客户，进一步开拓市场的计划准备在春节过后实施。

"这段时间，我感悟最深的一句话就是，机会总是留给有准备的人。在成功的道路上充满了荆棘、困难，但同样也充满了机会。所以要随时做好迎接机会的准备。"韩岳霖表示，在创业的路上，根基厚实才能盖起高楼大厦，千万不能浮夸，不要轻言放弃！

世间许多事情的成败，时常都取决于人们自身观念的超前与行动的果敢，但是很多时候，我们都会面对这样一扇"虚掩的门"，而这扇门在等待人们去主动推开它。

其实，当我们推开那扇“虚掩的门”之后，会看到成败只是一墙之隔，对错只是一步之遥，善恶只是一念之差。职场生活中诸事纷杂，有痛苦就有喜悦，有失败就有成功，有虚伪就有真诚，有阴霾就有阳光，因此20几岁的年轻人在面对艰难与曲折，不公与奸佞时，只能想办法去排遣它战胜它；20几岁的年轻人在面对机遇与希望、成功与胜利时，只有用行动去迎接它，才能拥有它。愈是这种时候，愈是应该想想那扇“虚掩的门”你推开过没有？你如果还在犹豫不决，踟蹰不前，那么就请你勇敢地迈出第一步，果断的去推开它，也许能得到你意想不到的喜悦。

眼高手低往往难堪重任

人无完人，但是有质量缺陷的人才一般情况下不要委以重任，有时宁可事情停住不做，也不要饥不择食来重用这些人。因为把重要的事情做砸了还不如不做，不做是零，做砸了就是负数。

现实中眼高手低的人常有，这种人老想着干大事，小事不屑于做，即使做了，感情上也老大不情愿，心理上也觉得不舒服受委屈，当然有这样心态的人小事肯定是干不好，连小事都干不好的人，怎么能干大事呢？所以，对这种人千万不要给他委以重任，如果委以重任，十有八九事情做不成。想扫天下的人必须有扫天下的能力和心态，扫天下的能力和心态是通过持续性地扫一室而积累和培养出来的，整天只想扫天下而不想扫一室的人肯定没有扫天下的能力和心态，不仅天下扫不了，而且一室也肯定扫不好。

现实生活中眼高手低的人不少，不屑于扫一室，天天梦想着干大事，干轰轰烈烈的惊天动地的事情，尤其新参加工作的人经常对事务性的工作不屑一顾，认为自己应该干本专业的工作，这些琐碎的小事让自己干是大才小用，委屈了自己，结果真正给他重要事情干的时候，又没有实力干好了。

在某一高层家属宿舍楼，有一个开电梯的年轻女孩，因相貌酷似某演员，因此招来不少的议论，大家乘坐电梯时，总是有意无意地说起她像女演员之事，说得多了，她便默不做声。一天，下班高峰时间，挤在电梯里人们又开始谈论起这件事情，有人说："真的，你长得太像某某演员了，何不去试试演电影呢？"言外之意，开电梯委屈她了。这位姑娘终于忍不住开口说话了："您说的那位演员我知道，她至多是一位三流的演员，而我却是一名一流的"电梯工。电梯里顿时鸦雀无声，从此，乘坐电梯时再也没有人议论此事了。

世间只要是合情合理合法之事，本没有高低贵贱之分，只要用心去做，都能够做到精细一流的水平，而且在职场中无论在任何岗位做任何事情都应追求精细和一流。

眼高手低的人关键是没有做成功事情的心态，因为他们做任何事情都浮躁，很难把事情做精做细做成功。因此，对眼高手低之人，用之要慎重，轻易不要委以重任。作为用人单位，要教育眼高手低之人，培养他们做小事的心态，把小事做漂亮做精致的心态。一旦员工养成了有把小事做成功的习惯，那么他们便有了做成大事的基本要素，只有如此，他们才可能做成大事。

有一些大学生，在校学习期间，善于应付考试，学业优异，他们有时也常常做些学生会的工作，便被认为组织能力强；还有的看了几本伟人传记，便自以为"天将降大任于斯人"，对自己的期望值过高。到了社会后，便以为找到了一个大显身手的大舞台，不愿意干那些他们自认为是"奇技淫巧"的事务性工作，认为那些都是"匠人"才干的事情，而他是"将才"。但几乎所有的公司，大部分员工从事的都是这种具体、琐碎、技术等事务性工作，这些干大事的"天之骄子"们必然会因为眼高手低而碰得头破血流。前些年，一些大学生动辄就是："我要是当了总经理，如何如何……"现在呢，能找一碗饭就不错了。如果再不脚踏实地，饭碗都成问题了。

一个著名中医学院的毕业生被招聘到一家中医院工作。众所周知，中医治病基本靠的是经验，现在很多中医学院的教授、专家都研究中医理论，但不会拣药、看病。该君也不例外，他本来想继续理论研究，无奈僧多粥少、狼多肉少，他只好“屈就”到一家医院。

由于医院主要缺乏的是一线的大夫、药剂师等人才，所以医院决定让他到门诊部实习，而他认为这简直是人才浪费，他想即使做不了理论权威，至少还可以做做领导什么的。可惜不用说能力、关系等要素，仅仅资历一项，就让他与理想距之千里。他非常后悔当初选了这样一个专业，极不情愿地去了。

该君干了几天后就索然无味，那些古怪的老头、古怪的中药味道、形形色色的病人和怪病都让他非常不舒服，整天怨天尤人，抱怨不停，笨手笨脚，几个月过去了也开不了一张像样的方子，“望、闻、问、切”一样也不会，连病人的脉搏也找不准，完全是帮了倒忙。

该君甚至当着病人的面把中医说成是巫术，把大夫气得发抖。这样互不欣赏的结果只能够是一个：走人。

那些在事业上取得一定成就的人，无一不是在简单的工作和低微的职位上一步一步走上来的。

有人说：“无知与眼高手低是青年人最容易犯的两个错误，也是导致频繁失败的原因。”许多人内心充满了激情和理想，然而一旦面对平凡的生活和琐碎的工作，都变得无可奈何了；他们常常聚在一起高谈阔论，然而一旦面对具体问题，就会不知所措。

公司经营需要有战略思考和整体规划，但更需要的是将种种构想付诸实施的执行能力。对于年轻人来说，无论未来发展的前途怎么样，这种执行能力都是首先必须具备的。只有那些对寻常工作能够忠实地加以执行的人，未来才有可能走上重要的职位。今天的年轻人在求职时念念不忘高位、高薪，并且对自己说：英雄须有用武之地。然而当他们对工作感到厌倦时，就会对自己说：“如此枯燥、单调的工作，如此毫无前途的职业，根本不值得自己付出心血！”当他们遭遇困境时，通常会说：“这种平庸的工作，做得再好又有什么意义呢？"渐渐地，他们开始轻视自己的工作，开始厌倦生活。

那些在公司里身居高位、肩负要职的人，他们忠实地履行日常工作职责。年轻人应该像哥伦布一样，努力去发现自己的新大陆，沉湎于过去或者深陷于对未来的空想是没有前途的。你正在从事的职业和手边的工作，是你成功之花的土壤，只有将这些工作做得比别人更完美、更正确、更专注，才有可能将寻常变成非凡。

在这个农民出身的人都可以跻身于国会议员的年代，没有什么职业上的歧视和限制可以阻止有志之士追求成功。因此，无论薪水多么微薄，无论工作是多么普通平凡，都不要轻视和鄙弃它。

我在街上遇到过一位年轻人，他蹲在一个捞鱼的摊子前，用网捞鱼。可是鱼网太薄了，一碰水就破，破了三只鱼网，却一条鱼也没有捞到。摊主是一位老人，对年轻人说："你总是想捞那些又大又漂亮的鱼，鱼网自然无法承受，你当然捞不到啦！"

年轻人心目中要有远大的理想，但在实际生活中又必须脚踏实地，衡量自己的实力，不断调整自己的方向，一步一步才能达到自己的目标。

第十一章

20 几岁该挣的不只是薪水，是充电学习

知识经济的时代，新事物不断涌现，如果20几岁的年轻人不能做到不断的充电学习，想要跟上时代，做职场上的先进分子是很难实现的。作为年纪轻轻的职场人士，学习能力是很高的，20几岁的年轻人一定不要放弃自己的这一优越条件，要不断地充电学习，不断地提高自己的职业技能，做一个跟得上职场发展的职场人士，而不是职场的落后者和被淘汰者。

每一天都要做好被淘汰的准备

现代社会竞争激烈，每个人都要做好随时被淘汰的准备。20几岁的年轻人刚入职场时，尤其要做好被淘汰的准备，积极参与竞争，用自己的实力为自己赢得一席之地。

我们所处的时代是竞争激烈的市场经济时代，在我们的身边到处都是机会，但也到处布满危机。从我们出生以来，就不是每件事都称心如意，任何时候都要靠自己的不断拼搏、不断努力来实现理想，在拼搏的过程里难免会遇到困难，每当这时我们要勇往直前去挑战困难，不要轻易的放弃。20几岁的年轻人刚刚踏入职场时，就要时刻做好被淘汰的准备，这是20几岁的年轻人在职场上生存所必须具备的基本素质。

在很多年前，有一群熊，快乐地生活在一片树木茂密、食物充足的森林里，他们在这里繁衍子孙，同其他动物友好相处。后来有一天，地球上发生了巨大变化，这片森林被雷电焚烧，各种动物四散奔逃，熊的生命也受到威胁。

其中一部分熊提议说："我们北上吧，在那里没有我们的天敌，可以使我们发展得更强大。"另一部分则反对："那里太冷了，如果到了那里，只怕我们大家都要被冻死、饿死。还不如去找一个温暖的地方好好生存，可供我们吃的食物也很多，我们也会很容易生存下来。"争论了半天，谁也说服不了谁，结果，一部分熊去了北极边缘生活，另一部分则去了一个四季温暖、草木繁茂的盆地居住下来。

到了北极边缘的熊，由于气候寒冷，它们逐渐学会了在冰冷的海水中游泳，还学会了潜入水下、到海水中捕食鱼虾，甚至敢于与比自己体积还大的海豹搏斗……长期下来，它们的身体比以前更大更重更凶猛。这就是我们现在看到的北极熊。

熊的遭遇如此，每个人的职业发展又何尝不是这样呢？在机遇面前人人平等。如果20几岁的年轻人不主动地去竞争，迟早也会和大熊猫的遭遇一样，被别人排挤，甚至被别人吃掉。

现代社会是一个快速、多变和充满危机的时代，每个人都可能面临着与过去完全不同的境遇，人们时常会感到自己的"奶酪"在变化，不断的变化使有些人继续前进，也使有些人沉沦不起。所以即使现在你拥有属于你的很多很好的奶酪，但这些诱人的奶酪也绝对不可能永远属于你。20几岁的年轻人要随时做好寻找新的奶酪的准备，随时做好被淘汰的准备，在现有的奶酪还未消失前就要向有新奶酪的地方前进。

不满意眼下的工作，就把它当作"竞走"机会

如果你不满意眼下的工作，却又暂时不能跳槽，那么，你该怎样寻求心理平衡点，在职场中快乐游走呢？

竞走是奥运会中最艰苦的项目之一。因为膝盖不能打弯，选手们在长达二十公里的漫长路程中始终保持着不舒服的身体姿态，加上路程又非常枯燥，因此，竞走选手实际上都是人类的耐力大师。

如果再仔细分析，他们实际上也是心理大师：在枯燥的环境里，以不舒服的姿态保持一定的前行速度，内心始终处于平和稳定的状态，这不是轻而易举就能做到的。竞走因这种特点对现在的职场人士有着明显的借鉴意义：许多人不喜欢现在的工作，但由于金融危机导致的经济不景气，大家又不敢任意跳槽。于是，很多人也需要在不那么舒服的状态中，在很长的时间里展开"职场竞走"，并且寻求心态的最佳平衡点。

小于在一个不喜欢的报社待了整整七年。对此，很多人都几乎无法想象，因为如果换作自己早就疯了。而他却以这样的心理定力让家人获得了经济上的稳定，直到孩子上了小学，他才正式辞职。朋友问他，那七年他何以能气定神闲安之若素，保持内心的平衡？他说了一些自己的方法，而这些方法很有点儿“竞走高手”的味道。

他先是在要做的许多工作中找到自己比较感兴趣的，并将此作为关注重点。当时，他负责四五个报纸的栏目，而他真正感兴趣的只有一个，于是他就重点做好这一个，做到完美，而其他栏目则以完成任务为主。如此，工作就像一个长相一般但有着甜美笑声的女子，你可以不看她的全貌，但她的甜美笑声还是会给你带来很多快乐。这个方法的好处是显而易见的：一方面他有了工作某一点上的持续的成就感；另一方面他不会因为成绩平庸而被炒掉，因为至少在一个必要环节上他是不可替代的。

第二个方法是将工作带来的价值具体化。人是靠希望活着的，但一定是具体的希望对心理的激励作用才够大。小于经常会为自己描绘未来的景象，比如，爱人收到一直想要的某件礼物时的欣喜表情，比如孩子走进北京最好的幼儿园时向他挥手的情景……关于未来的想象越具体越生动，心中产生的动力就越大，而对工作的抵触情绪就会越少。慢慢的，对他来说，工作就不再是生硬无趣的生存手段，而是一种让美好情景出现的途径。

第三个方法是在工作外的生活中确立一件自己喜欢做的事情，小于的选择是欣赏和评论欧美流行音乐。他知道，将一项兴趣不断持续，假以时日，兴趣就可能变成新的职业，而自己将来就有可能成为欧美流行音乐评论方面的专业人士。

最后一个方法就是时刻做好从事其他工作的能力准备，告诉自己眼前所不喜欢的工作只是一个过渡，既然是过渡就不必为此烦躁。而竞走运动也是一样的，每一名运动员都会考虑退役后的工作，那会是一个更有趣的人生方向。

在竞走比赛中，由于最后通常都会由公路转到田径场中，并完成最后一圈的比赛，所以如果运动员在最后一圈犯规，可根据具体情况给予警告或直接取消其比赛资格。换句话说，竞走就是在告诉我们：不要小瞧最后阶段，最后一圈必须做到最好，否则就最危险。职场亦同此理。

李多27岁，却已经跳过几次槽了，每次辞职时领导并没有感到气愤或者不理解，而是会召集全体同事欢送他，大家一起吃饭，相谈甚欢，仿佛是欢迎新职员一样。他怎么能把辞职这件事也做得让大家开心而不尴尬呢？

一般说来，在决定辞职的时候，他会做好以下事情：

第一，先给领导发邮件，表达近期想要辞职的愿望。尽量不要直接当面突然提出辞职，这会让领导在惊讶的同时感到很尴尬。

第二，和领导面谈是必要的，但是一定要“等”到最佳时机，不要着急。这里有两点必须注意：不要在领导忙的时候或者心情特别好的时候找他谈辞职的事情，因为，在你看来很重要的离职事件，在领导那里也许并不那么重要，只是一个普通员工的离开，非常正常。所以，不要在不合适的时候给他添堵。

第三，跟领导明确阐明自己会再干一个月，给公司一个缓冲的机会。这点最重要，领导不太担心一个人的离去，但他会担心整个公司的运行秩序受到影响。而一旦他认为你的离开已经将影响降到最低，那他自然会对你留有好印象。

第四，在离职前的一个月里不要向任何一位同事透露风声，一来如果事情又有变化，比如自己最后改变了辞职的想法，那样大家以后相处起来会很尴尬，二来会影响公司的工作氛围。

第五，在离职前一周的时间，要对同事公布即将离职的消息。因为这个时候人的想法容易产生波动，动摇走的决心，而之前经过深思熟虑的决定绝对是正确的，现在的犹豫其实多是情绪使然，所以借助公布这一行为，强迫自己执行决定。而且，给同事们一周的时间做心理准备，不会显得特别仓促，以免大家对你离职的原因产生各种猜测。

第六，越是临近离职越要把工作做到最好，这也是“走好最后一圈”的道理所在。因为这样最容易给领导留下好印象，而且“认真负责”的评价也会跟随你去到新的公司新的岗位。

也许有人会说，辞个职何必这么麻烦，直接走人不就得了？其实不然。辞职前期就像竞走比赛中的最后一圈，很多人就是因为轻敌而栽在了这里，使之前漫长的努力都付诸东流。要知道，一个人在职场中的成功不仅需要能力，也需要依靠人脉。一般在跳槽的过程中，新东家都会严格考查你的职业经历，而且越是正规的公司在这方面的考查就越专业，他们甚至会了解你的前任领导和同事是如何评价你的，而如果你没有走好辞职前的“最后一圈”，让前任领导或同事对你评价不佳，那么很可能就会在下一轮比赛中路遇坎坷。

每天每时每地不断学习

成功的人有千万，但成功的道路却只有一条——学习，坚持不懈地学习。如果一个人停止了学习，那么很快就会“没电”，也许就会被社会所抛弃。养成不忘学习的习惯，20 几岁的年轻人离成功就不远了。

在日新月异的今天，20 几岁的年轻人如果不每天学习，不充充电，那么很快就会落伍。因此，职场中的人都不要忘记给自己充电。只有那些随时充实自己，为自己奠定雄厚基础的人才能在竞争激烈的环境中生存下去。

“未来惟一持久的优势是，比你的竞争对手学习得更好。”这是彼得·圣吉对职场人的忠告。学习已经成为职场人赖以生存的手段。未来的竞争实质就是学习的竞争，谁学习得更快、理解得更深，谁就会走在发展的前列。在竞争日趋激烈的今天，职场人面临着社会、技术高速发展和高频变革的挑战，面临着更新观念和提高技能的挑战，因此 20 几岁的年轻人要建立终生学习的目标。

通用电气公司（GE）首席教育官、GE 发展管理学院院长鲍勃·科卡伦在《我们如何培养经理人》一文中提出：

在GE内部，一旦你进入了公司，你是来自哈佛大学，还是一个不起眼的学校并不重要。因为一旦你进入公司，你现在的表现比你过去的经历更重要。

如果你从事一项新工作，你做得不是太好，没关系，我们知道你在学习，你能追上来。我们希望人们的表现高于一般期望值，工作得很出色。不过期望值不是一成不变的，期望值会随时间而变化。如果你停止学习，一段时间内一直表现平平，而期望值因为竞争的关系，因为客户需求，因为技术进步而上升，而你却不再学习，你就可能被淘汰。要知道在企业，期望值年年上升。如果你今年销售额达到2000万美元，明年就要达到2200万美元，而在接下来的年头，你需要做更多。

从个人的角度看这个问题，如果你停止学习，就像水在涨，而你就站在那里，你不会游泳，就被淹死了。这对你个人和事业来说都是一件坏事。

学习达成目标和解决问题的能力是未来职场生涯中最重要的特质，此外这也能增强心理的调适能力，以适应新的环境。通过在工作中不断学习，20几岁的年轻人就能提高自己的实际能力。作为一个员工，20几岁的年轻人学习的脚步不能稍有停歇，要把工作视为学习的殿堂。如果20几岁的年轻人热爱自己的工作，随时都可以在身边发现值得学习的东西，那是最有用的、最适合20几岁的年轻人的职业学习内容。

20几岁的年轻人需要有很强的学习力作为支撑物。如果20几岁的年轻人不能与时俱进，不断地通过勤奋学习充实自己，提高自己的能力，那20几岁的年轻人很可能从一个“人才”变成企业乃至社会的包袱。人才其实是一个动态的概念，它不是一成不变的，不是永恒的。它需要不断地晋级，不断地发展，只有学习力不断地加强，不断地提高，才能保证人才的新鲜，这样的人才才是信息时代的人才，才是真正意义上的人才。

对于优秀员工的成长来说，学习是十分重要的。从不懂到懂，直到成为专业能手，乃至优秀管理者，就是一个不断学习实践的过程。不学习将失去竞争力，在这个知识经济时代，20几岁的年轻人必须注重自己的学习能力，必须要勤于学习、善于学习，并且终身学习，才能在竞争激烈的社会中立于不败之地。

在知识经济中，每个人获取知识的多少在很大程度上取决于个人的学习能力。在某种意义上说，未来的“文盲”不是不识字的人，而是不会学习的人。在这个知识与科技发展一日千里的时代，20 几岁的年轻人惟有不断学习，不断地充实自己，不断追求成长，才能使自己在职场上始终立于不败之地。

永远不要心高气傲，三人行则必有我师

在日常的工作中，身边的同事都有他们的长处，20 几岁的年轻人要取别人的长处，向身边的人学习，而不是看别人的短处、诋毁别人的缺点。

三人行必有我师，这个道理大家都耳熟能详，但能做到的却很少。为什么很难做到？是因为我们放不下，放不下我们的专业、我们的名声、我们的地位。是我们不愿意向别人学习，而不是别人没有我们可学习的地方。

春秋时代的孔子是我国伟大的思想家、政治家、教育家，儒家学派的创始人。被中国人尊奉为圣人。孔子认为，无论什么人，包括他自己，都不是生下来就有学问的。

一次，孔子去鲁国国君的祖庙参加祭祖典礼，他不时向人询问，差不多每件事都问到了。有人在背后嘲笑他，说他不懂礼仪，什么都要问。孔子听到这些议论后说：“对于不懂的事，问个明白，这正是我要求知礼的表现啊。”

从这个故事里，我们看到了一个伟大学者谦恭的“不耻下问”的学习态度，也正是如此，才成就了孔子当世的伟大。

现实生活中，无论是科学家、艺术家，还是工人、农民或者商人，大凡有成绩者，无不有着谦恭的学习态度与“海纳百川”的心怀。他们从点滴处着手，拾取、积累、丰富着自己的人生经验，汇集成流，终成大者。

其实，请教还是应该多向有知识的人请教，多向成功者请教，因为他们是从成功之路走过来的人，他们的经验和教训更有价值，更有指导性，更有利于我们成就事业。只要20几岁的年轻人真诚求教，虚心求教，多数的人还是愿意帮助你的，只要20几岁的年轻人以一颗真诚之心就一定能换来应有的回报。

美国一家大银行的董事原是出身于南部的一个农村少年。一天，他看到一本杂志上介绍了一些大实业家的故事，他很想知道这些大实业家是怎样发家的，希望他们给他提供一些思路和经验，于是，有一天他不管不顾地跑到纽约著名的威廉·B·亚斯达的事务所。他对亚斯达说："我很佩服您的创业精神，我想知道我怎么才能赚到一百万美元？"亚斯达非常欣赏这个小伙子的胆量和雄心，微笑着与他谈了一个多小时，告诉了他许多好的经验，临走时又向他介绍了几个实业家。

他按照亚斯达的指示，又请教了许多一流的商人、总编辑、银行家等。通过不耻上问，使他得到了很多知识、经验以及成功者的思想作风。他开始仿效他们成功的做法。仅仅过了两年，当那个青年刚满20岁的时候，就已经成为他当初学徒的那家工厂的主人了。24岁的时候，他又成了一家农业机械厂的总经理。在不到五年的时间里，他就如愿以偿地拥有了百万美元的财富。最终这个来自农村的少年，成为一家大银行董事会的一员。

有些人不愿意向别人请教，觉得向别人请教就是告诉人家我不如你，觉得是在向别人示弱，觉得心里不舒服。说来说去，还是放不下架子，去不掉虚荣心。只要20几岁的年轻人放下架子，去掉虚荣心，就会大有收获。

请教是一门艺术，掌握了这门艺术，你会受益匪浅。不会请教的人往往总是碰钉子，碰一鼻子灰。20几岁的年轻人要掌握向别人请教的要领，一是虔诚，二是明确，三是适时，四是感谢。虔诚，就是真心求教，尊重人家，不需要问的不问，不要借请教问题来考问别人和戏弄别人。明确，就是在询问之前一定要先想好所问的问题，不要到时辞不达意，让人家不知你说的是什么，这样既耽误了别人的宝贵时间，人家又没法解答你的问题。适时，就是要选择适当的时间去向别人请教,不能影响别人的工作,耽误别人做事,每个成功者的时间都是很宝贵的,你最好和他约一下时间,不要在他忙的时候去拜访他。如果不是约好了,正赶上他忙的时候去见他,他可能不接待你,或者接待你也只是草草和你说几句就完了,不能给你所要的东西。感谢,就是请教完后,要真诚地向人家表示感谢,必要的时候还可以回访一下。不要请教完了什么也不说抬起屁股就走了,那样给人一种过河拆桥的感觉,下次有问题再去请教,人家可能就不理你了。

处处留心皆学问

在职场中,20几岁的年轻人只要留心观察,就能从一些细小的地方、平常的事情中获得知识。日积月累,当你遇到问题时,这些知识就能解决问题。

在这个讲求团队意识的年代,灵感的撞击能产生智慧的火花。而这星星的火花多了就可聚成智慧的光环,问题是很多人都没有留意和凝聚这些火花。没有人天生就什么都懂,只有不断地学习才能使人聪明,书本的知识毕竟有限,还需我们在日常中不断的积累,只要有心,处处留心皆学问。

小王和小李同时被一家民营的建材公司录取,都安排在企业发展部,同样积极工作,可小李却懂得向同事们偷师,每当小组讨论工作时,他都会留心听取别人的意见和建议,但凡有好的idea他都会记录下来,积少成多集腋成裘,慢慢地他的点子和构思越来越多。两年后,小李已经调升为组长,而小王仍是一个普通职员。

我们周围时常有不少人抱怨整天和工作打交道,怎么能够有时间学到工作以外的知识呢?如果这样想,那就有失偏颇。工作是个特定的环境,但工作本身并不局限。

铁路岗位有很多工种，车、机、工、电、辆各个系统又有各自的细分岗位。每个岗位只要留心，总有学问可学。列车员按说只在车厢的流动小天地里为旅客服务，表面看起来工作性质似乎也很单一、单调，但往深层看，流动的车厢是一种流动的文化，列车员的服务品质、内涵无不一点一滴地折射出铁路整个行业的整体风范和素质，一列车就是一扇窗口、一道风景，是铁路精神文明建设的外延和企业文化的缩影。列车员如果站在这样的高度去认识和看待自身岗位，就能从平凡的工作中、“车厢之外”学到许多不平凡的本领，并着力从不平凡的本领中提高自身素质。正因为如此，不少窗口单位纷纷向航空业学习取经，产生了较好的示范效应。青岛客运段的“海之情”、北京西站的“036”、太原站的“史改梅服务组”、杭州客运段的“西子号”、京津城际列车动车组等品牌知名度的不断提升，与其自身注重学习密不可分，更与“处处留心”精心雕琢紧密相关。

学问不只在岗位，也不只在书本。有句话说的好："感觉到的东西不能立刻理解它，只有理解了的东西才能更深刻地感觉它。"只要20几岁的年轻人处处多留心、事事多上心、时时多用心，就能在职场的海洋里撷取朵朵浪花，甚至在生活的夹缝里觅到春光，找到闪光点，总能在理论和实践的结合点上获得真知。

日常工作中，我们需要的，也就是这种“处处留心”的精神。在忙碌的现代生活节奏中，工作和生活压力让很多人没有时间好好静下心来学习新知识，为自己充电。其实，人生的很多学问是书本上学不到的，需要靠自己在实际工作中用心观察、细心摸索和耐心积累。20几岁的年轻人千万不要忽视生活工作中的一些微不足道的细节、或貌似无足轻重的小事物，因为它们往往蕴含着深刻的道理。

处处留心皆学问，是20几岁的年轻人的职场生活必不可少的一瓶“胆大润滑油”，也是你的生命必不可少的一个“细心金刚钻”，更是你的人生必不可少的一个“勇敢救世主”！

学有专攻，不断提高职业技能

有的人是样样通、但样样不精，这样的“全才”已经不适应现代经济的发展，现代经济社会分工明确，需要专业人才互相合作，而不是一个人单打独斗。所以，20几岁的年轻人可以博学多才，但必须把自己的专业技能修炼到极致，修炼到炉火纯青的地步，这样才会让你出类拔萃。

有些人有多方面才能，还有些人有业余爱好，如何处理它们之间的关系？答案是，首先精通自己本职工作的专业领域。当然，如果确实不喜欢现职工作，随时准备变换则另当别论。

当然，个人所学专业以及所工作的业务领域等等涉及很复杂的问题，社会需要、个人兴趣爱好、个人性格和能力类型、薪金和福利等因素，需要综合平衡。如果选择不当，不仅可能导致人生挫败，而且可能导致社会事业受影响。

1923年，福特汽车公司有一台电动机坏了，公司所有的工程技术人员都未能修好，只好另请高明。请来的人叫思坦因·曼思，原是德国的工程技术人员，流落到美国后，一家小工厂的老板看重他的才能雇佣了他。

思坦因·曼思来到现场，他在电动机旁听了听，之后要了一架梯子，一会儿爬上去，一会儿爬下来，最后在电动机的一个部位用粉笔划了一道线，写上几个字：“这儿的线圈多了16圈。”果然，把这16圈线圈一去掉，电动机马上运转正常。

思坦因·曼思要求支付1万美元的维修费。有人认为他要价太高，实际上不过是划出了一条白线而已，不值这么多钱。思坦因·曼思说：“划一条白线值1美元，知道在哪里划线值9999美元。”对方一听有道理，马上照单支付。

亨利·福特因此对思坦因·曼思非常欣赏，一定要他到福特公司来。

思坦因·曼思却说："我所在的公司对我很好，我不能见利忘义，跳槽到福特公司来。"

福特马上说："我把你供职的公司买过来，你就可以来工作了。"

福特为了得到一个人才，竟不惜买下了一个公司。

这个故事给我们怎样的启示呢？专业技能是人在职场发展的核心竞争力，是职场人脱颖而出赢得竞争的法宝。

总之，一个人读书时必须学有所长，就业后必须术有专攻。当学非所用时，原则上应服从岗位的专业需要，除非随时准备换工作。当20几岁的年轻人在多方面拥有杰出才能时，首先要致力于出色地完成本职工作，其他的则应作为锦上添花。否则，锦之不存，花将何添？当然，无论是学习还是工作，20几岁的年轻人都要尽可能考虑到自己的特长。江山易改，本性难移，经商、做官、搞学问，都需要具备各自相应的素质。人贵有自知之明，明白自己干什么合适，无疑是人生最最重要的事项之一。

大胆投资自己，精英也要更新知识结构

当今世界的知识有两大特点：一是积累多，知识量大，多得叫人眼花缭乱，目不暇接；二是增长快，发展快，快得千变万化，日新月异，任何一项知识和技术都只有暂时性的意义，这使得人才资本的折旧速度大为加快。

西方白领阶层目前流行这样一条知识折旧定律：一年不学习，你所拥有的全部知识就会折旧80%。你今天不懂的东西，到明天早晨就过时了。现在有关这个世界的绝大多数观念，也许在不到两年时间里，将成为永远的过去。

在知识经济中，每个人获取知识多少很大程度上取决于个人的学习能力，形成自身的知识生产能力成为至高无上的任务。在这个知识与科技发展

一日千里的时代，惟有不断学习，不断地充实自己，不断追求成长，才能使自己在职场上始终立于不败之地。

竞争在加剧，实力和能力的打拼将愈加激烈。谁不去学习，谁就不能提高自己的能力，谁就会落后。职场中有些人，不去学习，不去提高自己的能力，而是去抱怨公司、抱怨老板对自己不够重视。实际上，问题出在你自己身上，你不养成学习的习惯，不提高自己的工作能力，老板怎么会青睐你呢？

比尔很不满意自己的工作，他忿忿地对朋友说："我的老板一点儿不把我放在眼里，改天我要对他拍桌子，然后辞职不干。"

朋友问他："你对那家贸易公司完全弄清楚了吗？对他们做国际贸易的窍门完全搞通了吗？"

比尔摇了摇头，不解地望着朋友。

朋友建议道："君子报仇十年不晚，我建议你把商业文书和公司组织完全搞通，甚至连怎么修理影印机的小故障都学会，然后再辞职不干。"

看着比尔一脸迷惑的神情，朋友解释道："公司是免费学习的地方，你什么东西都学通了之后，再一走了之，不是既出了气，又有许多收获吗？"

比尔听从了朋友的建议，从此便默学偷记，甚至下班之后，还留在办公室研究写商业文书的方法。

一年之后，那位朋友偶然遇到比尔，问道："你现在大概多半都学会了，准备拍桌子不干了吧？"

比尔说："可是我发现近半年来，老板对我刮目相看，最近更是不断加薪，并委以重任，我现在已经成为公司的红人了！"

"这是我早就料到的！"他的朋友笑着说："当初你的老板不重视你，是因为你的能力不足，却又不努力学习；而后你痛下苦功，通过学习以后，工作能力不断提高，他当然会对你刮目相看。"

在公司，与其抱怨老板不重视我们，不如反省自己，不断提高自身能力。

没有知识，就没有能力，能力是自己所学的知识、工作经验、人生的阅历和长者的传授相结合的，能力的培养是和真正不断学习密不可分的，只有不断充实和完善自己，才能赢在各个起跑线上。

现在找一份满意的工作不容易，能“站住脚”更难。如果不能在工作中不断地学习，以提高自己的知识和能力，就算你曾是公司的三朝元老，就算你是硕士、博士甚至博士后，你不能应付自己的工作，不能为公司创造更大的价值，老板也会为了公司的利益，把你扫地出门。

要想在竞争激烈的职场中胜出，就必须在工作中不断学习，不断地吸取，以新的技能来支持你的成功。

“全球第一女 CEO”，惠普公司前董事长兼首席执行官卡莉·费奥瑞纳女士。从秘书工作开始她的职业生涯，她是如何提升自我价值，一步步走向成功，并最终从男性主宰的权力世界中脱颖而出的呢？

答案是不断在工作中学习。

卡莉·费奥瑞纳学过法律，也学过历史和哲学，但这些都不是她最终成为 CEO 的必要条件。卡莉·费奥瑞纳并不是技术出身，在惠普这样的一家以技术创新而领先全球的公司，她是通过自己的不断学习来达到目标的。

她说：“不断学习是一个 CEO 成功的最基本要素。这里说的不断学习，是在工作中不断总结过去的经验，不断适应新的环境和新的变化，不断体会更好的工作方法和效率。我在刚开始的时候，也做过一些不起眼的工作，但我还是从自己的兴趣出发，找最合适的岗位。因为，只有我的工作与我的兴趣相吻合，我才能最大限度的在工作中学习新的知识和经验。在惠普，不只是我需要在工作中不断学习，整个惠普都有鼓励员工学习的机制，每过一段时间，大家就会坐在一起，相互交流，了解对方和整个公司的动态，了解业界的新动向。这些小事情，是能保证大家步伐紧跟时代、在工作中不断自我更新的好办法。”

通过在工作中不断学习，就能提高自己的实际能力，作为一个员工，不论是在职业生涯的哪个阶段，学习的脚步都不能稍有停歇，要把工作视为学习的殿堂。你的知识对于所服务的公司而言是很有价值的宝库，所以你要好好自我监督，别让自己的技能落在时代的后头。

当然，在工作中不断学习不一定非要脱离现在的工作。只要你想学习，在工作实践中学习也是一样的，只要你用心就能学好。如果你热爱自己的工作，随时都可以在身边发现值得学习的东西，那是最有用的、最适合你职业的学习内容。

也许你已在职场打拼了几年，并取得了一定的成绩。这时的你是否能觉察到，你的脑袋和知识储备还够用吗。看一看你有没有以下的这些表现：

很难与公司的新人达成工作上的共识；

难以完成比较有挑战性的工作；

慢慢地感觉到力不从心，所学的知识有些不够用；

对许多新兴事物，比如新版的电脑软件不太明白；

缺乏有创意的提议和看法。

如果你有上述的一种或几种表现，就意味着你的知识储备和工作能力已经在走下坡路了。你前进的路上已经亮起了红灯，就算你有再强的承受困难和压力的能力，也不能帮你走完旅程。

这个时候需要什么？那就是要给自己补充养料，给自己充充电。作为职场中人，都要从工作需要出发，有意识地选择适合自己的充电途径，找准最佳组合点，才能适应不断变化的环境，实现充电的最佳效益，最终拥有驰骋职场、决胜职场的能力。

可见，对于优秀员工的成长来说，学习是十分重要的。从不懂到懂，直到成为专业能手，就是一个不断学习实践的过程。不学习将失去竞争力，好员工永远把“学习、学习、再学习”作为自己的座右铭。在勤奋和好学的基础上，员工也自然而然会在实际工作中产生新思路、新做法，这样的员工才称得上是优秀的员工。

在这个“知识经济”时代，我们必须注重自己的学习能力，必须能够勤于学习、善于学习，并且终身学习，才能在竞争激烈的社会中立于不败之地。

第十二章

20 几岁该挣的不只是薪水，是宽广眼界

相较于薪水，20 几岁的年轻人在职场上更应重视的是自己的眼界究竟有多广。为了使自己的眼界更宽广，进而使自己的职业世界更宽广，20 几岁的年轻人要挖掘潜质，根据自身的性格来决定自己的职业方向。同时，20 几岁的年轻人只有不安于现状，站得更高，才能看得更广，走的更远，否则 20 几岁的年轻人只能在青春正当的时候就走向平庸。

眼界决定你的职业世界

人与人的眼界是不同的，而这不同的眼界注定了每个人不同的命运。眼界广者其成就必大，眼界狭者其作为必微。而对于20几岁的年轻人来说，他的眼界将决定他的职业世界。

一个人的眼界在很大程度上决定着一个人的成就有多大，20几岁的年轻人在职场上要想取得更大的成功，就要开阔自己的眼界，使自己的眼界更宽广。“江海不与坎井争其清，雷霆不与乌雀争其声。”这就是说，在某种程度上眼界的大小决定了一个人成就的高低。江海之所以浩瀚无际，雷霆之所以引动暴雨，都在于它们知其当为，眼界开阔。没有广远的目光，再有本事的人也会平庸而无所作为；然而同样，倘若能力有限，眼界即便广至淼淼星空，他也找不到那隐于无形的通往璀璨的路。

人既不能困于一隅，注目于一角；也不能自高自大，妄图以己之力登得九霄以凌云，只有先着眼自己的实力，再放眼面前的道路，才可以走出最平坦的一生，也可能走出最辉煌的一生。

人生的结果有时由眼界而定。20几岁的年轻人要慎于睁眼，也不要妄自菲薄。迈开步子向你看到的最美好的路上走去，迎接你的或许是酸甜苦辣，但你最终必将取得属于自己的灿烂，，你必将拥有灿烂的星空。

曾经有那么多伟人，他们眼界不同，从而有了不同的成就。像马克思，他的眼界大到整个世界、整个人类历史，他看到了社会的规律，从而建立了马克思主义哲学。像伽利略，他放眼整个宇宙、整个空间，他看到了星际运行特点，将物理学推向一个巅峰的道路上。像孔子的眼界广至百姓，他看到了大同社会。韩信的眼界超然于市井打斗，他立下赫赫战功。诸葛亮的眼界扩展至天下时局，他影响了汉末的天下大势。

眼界决定20几岁的年轻人的职业世界。如果你的眼界便是眼前的景像，那你就不会看到更广阔的世界，甚至会失去你所仅有的世界。如果20几岁的年轻人的眼界，是胸中所存在的广阔无边的世界，那么他便有可能拥有更多的世界。

三国的袁术固然有极深的心机，却只看到了弹丸之利，贸然自尊为帝，使得众叛亲离，天下豪杰群起而攻之。袁术的失败正是因为他的眼界只局限于中原，只浮于表面。他没有放眼天下，着眼隐患，终究只得吐血而死。

胸中的世界和眼前的世界到底有什么不一样呢？仅仅是因为一个是思想上的世界，一个是现实中的世界而已吗？恐怕不止是这样。理想高高在上，让我们可望而不可及；现实的残酷与艰难，挫杀了一个又一个向理想迈进的灵魂。但也有一些人，通过自己的发奋努力与不懈追求，造出了“阿波罗”，成就了自己的理想，发出了耀眼的星光。所以，这职业的道路很难，但只要20几岁的年轻人有恒心、有信心，就能行！面对一切艰难险阻，20几岁的年轻人不应该说“不”，这个字眼太盲目，只要还有希望，20几岁的年轻人就不该认输。脚下的路虽然很坎坷，但只要你年轻的心中有理想、有动力，再大的风雨你也能“乘风破浪”！

理想离20几岁的年轻人既远也近，只要20几岁的年轻人坚定信念，永不言弃，拼搏向上，总会有一天，成功的大门会被他们推开！如果20几岁的年轻人的眼界是胸中的世界，那么他便会努力去了解眼前的世界和胸中的世界的差异，从而去争取比眼前的世界更加广阔的世界，不断学习提高与更新自我，不断超越，当他在争取达到胸中的世界时，他眼前的世界便在不知不觉地扩大，直到有一天达到理想。

所以，20几岁的年轻人不要因为胸中的世界太过宽阔而放弃对它的追求，不要满足于似乎很充实的眼前的景像，而是要用自己的眼界决定自己的职业世界，而不是用自己的职业世界决定自己的眼界。

别让职场成功的“发动机”熄灭

20几岁的年轻人要想在职场中获得成功，就要有坚持不懈的努力，而不能随随便便的放弃。

成功不是某个点，而是一个连贯的整体，它由无数个点组成。我们每天的努力，都是一个点，尽管看似微不足道，却是不可或缺的。如果今天少一点，明天少一点，成功之线就连接不上，也就永远失去了成功的可能。其实，20几岁的年轻人每天都行走在成功的路上，只是终点因人因事而异，有近有远罢了。但无论多远，只要不放弃，终有一天会到达成功的彼岸。

现实生活中，不少20几岁的年轻人总是期盼事业有成，但是往往不能坚持到底。生活道路上的“点”不少，但连贯不起来，所以事业很难成功！一个人一旦选定了追求目标，并且实现目标的条件比较齐备，就应当坚持不懈努力，切不可这山望着那山高，轻易放弃自己的追求！

美国一个伟大的大学篮球教练，执教一个很烂的因为刚刚连输了十场比赛而开除了教练的大学球队。这位教练给队员灌输的观念是“过去不等于未来”，“没有失败，只有暂时停止成功”，过去的失败不算什么，这次是全新的开始。

结果第十一场比赛打到中场时又落后了三十分，休息室里每个球员都垂头丧气，教练道：你们要放弃吗？球员嘴巴讲不要放弃，可肢体动作表明已经承认失败了。教练就开始问问题：各位，假如今天是篮球之神麦克·乔丹遇到连输十场在第十一场又落后30分的情况，他会放弃吗？球员道：他不会放弃！教练又道：假如今天是拳王阿里被打的鼻青脸肿但在钟声还没有响起，比赛还没有结束的情况下，他会不会选择放弃？球员答道：不会！假如发明电灯的爱迪生，来打篮球，他遇到这种状况，会不会放弃？球员回答：不会！教练问他们第四个问题：米勒会不会放弃？这时全场非常安静，有人举手问：米勒是哪门子人物，怎么连听都没听说过？教练带着一个淡淡的微笑道：这个问题问的非常好，因为米勒以前在比赛的时候选择了放弃所以你从来就没有听说过他的名字！

只要20几岁的年轻人不放弃，就有机会成功。这就是成功的秘诀。所以唯一失败的就是你选择了放弃。职场之路虽然有很多的艰辛，能一路坚持走来，这本身就是一种快乐，只是跋涉之余别忘了欣赏一下沿途的风光，如此成功之路会显得更加的美妙！

挖掘潜质，实现雄心壮志

20几岁的年轻人要在职场的磨练中，挖掘自己的潜质，找到适合自己的工作，只有这样，20几岁的年轻人才能踏上实现雄心壮志的路，最终才有可能实现自己的雄心壮志。

个人潜质可分为生物学潜质、智力型潜质、意识性潜质、发掘性潜质。生物学潜质指人身体条件的未来发展走向，一般不会因环境而出现发展方向性的过大改变。这种潜质一般都具有针对性，例如，相对于篮球来讲，有条件长得很高的孩子，其在篮球界中就有很高潜质，但是在足球界中则不一定会被定为有很高潜质。智力型潜质指人天生智力发展走向。智力型潜质很难在人的生理中表现出来，并且会受到外界因素干扰，其发展不决定于外在培养，主要还靠个人，一般这种人都有很好的智商，在一定领域可以很快发展并迅速取得领先。意识性潜质是一种不受智商及身体条件影响的另一种特有潜质，一般表现为灵感，创造性思维。意识性潜质可以培养，但是相对于潜质本身较低的人来说，培养意识性潜质的难易程度主要取决于此人的智商。发掘性潜质：缺乏潜质，但是可以进行不断的教育培养，使其获得个别方面的长足发展。这种潜质一般决定于个人的意志力和拼搏、进取之心。

人在职场避免不了更换工作，就是我们所说的跳槽。有些职场中人潇洒地说，不打东家打西家，此处不留爷，自有留爷处。当然这都是无可厚非的事情，公司可以选择员工，员工也可以选择公司，双向选择是社会发展进步的体现。不过从个人职业生涯规划来看，我们还得谨慎处理这件事情，并不是每个人都适合每一份工作，同时也并不是每一份工作都适合我们去干。

著名的心理学家安东尼·罗宾曾经说过："每个人身上都蕴藏着一份特殊的才能。那份才能犹如一位熟睡的巨人，等待着我们去唤醒他。上天不会亏待任何一个人，他给我们每个人以无穷的机会去充分发挥自己。"那么我们每个人"特殊的才能"在哪里呢？这是需要我们自身通过不断的实践和总结，来找准自己到底适合什么工作，并且在这份工作中逐渐挖掘自己的潜质。

飞人刘翔之前是主练跳高，辅练100米短跑的运动员，一次参加上海市100米跑比赛，被上海体育运动技术学院田径队教练方水泉看中，随后开始练习跨栏。直到刘翔与师傅孙海平结缘，最终在110米跨栏项目创造了12秒88的神话。2007年8月，在日本大阪的第11届世界田径锦标赛男子110米栏决赛上，刘翔获得冠军，成为集世界纪录、奥运会冠军、世锦赛冠军于一身的男子110米栏大满贯得主。刘翔的巨大成功，在于他不断的找准适合自己的项目，并且在自己适合的项目上进行刻苦练习，通过拼搏努力挖掘出自己的潜质，最终大获全胜。

职场中，特别是对于刚从学校毕业踏入社会的年轻人来说，不知道自己能干什么，该干什么，经常因一时迷茫而找不到方向。有些眼高手低，大事做不了，小事瞧不起。甚至有的在毕业一两年之间，竟然逐渐变成了可耻的"啃老族"。与其这样，倒不如拿出吃苦耐劳的姿态，扎根到基层去，甚至到生产第一线去，踏踏实实的努力工作，在工作的实践中逐步发现自己的爱好和兴趣在哪些方面。很多在职场中做出一番成就的人，目前所从事的工作，大多数并不是自己之前在学校学习的专业。

一些20几岁的职场人士，不能够静下心来，全力沉入工作之中，总是浮在面上，没有用恒心和毅力来约束自己，让自己在本职工作中扎进去，所以一直处在找寻自己位置的途中，因此消磨掉了自己的青春年华。而有些20几岁的人很快就会找准自己的位置，在工作中崭露头角进入状态。我们会发现，这样的职场人士，一定是在工作中能找到快乐的人。他们除了这个特点外，还有就是在工作中任劳任怨、劳心劳力，一旦将一件复杂甚至繁琐的问题处理好之后，就会有种成就感。

现在有很多的大学生一毕业就想创业，当然有些是在某些因素的怂恿之下，不够冷静的借债创业。其实这个时候创业的风险之高，是多少青春不能承受之重。我们不要将某个大学生一毕业或者还没有毕业创业成功的个案，扩大化甚至进行大肆鼓吹。刚毕业的20几岁的年轻人还是首先进入职场磨练一番，找找自己的位置再说。不是每个人都适合做老板；不是每个人都适合做管理人员；更不是每个人都适合做技术工种。

不想做将军的士兵不是好士兵

在职场上，20几岁的年轻人要牢记"不想当将军的士兵不是好士兵"这句名言，学会积极主动地争取，争取做职场上的将军。

"不想做将军的士兵不是好士兵"这句拿破仑的名言，在中国被广为传颂，也确实激励了一代又一代的有志青年，在此雄心壮志之下成就了众多政界、商界等各行各业的成功者。在企业里，相信很多人都希望能做将军，商界的将军，但是做将军的前提是要当好一个兵，好将军首先必然是个好士兵！

放眼当今社会，这是一个竞争的时代，不折不挠、力争上游才是这个时代奋斗与进步的象征，百帆争渡，万马齐暗，不想当将军的士兵没有人会相信你是一个好士兵！当然，在这里的“想当‘将军’”我们切不可以空想，在时机和条件成熟的时候，把想当将军的这个梦付诸实践，或者说大胆去表白，这是实力的象征，这是自信的象征，这更是对自我的一个高度认可和肯定。也就是说这是基于一种理性的思维，决不是凭空的设想。

想当“将军”，是一个强者的表现，是对自我的一种合理肯定与评审，更是那知难而上的决心和动力，来看看今天的“神六”，假设在这个高尖端高难度的科技领域里，中国不是逆流而上，那么，我们的航天梦还不知要迟来多少年？对工作应该这样，那么对生活我们亦应如此，面对爱情，如果依然畏畏缩缩、吞吞吐吐的不敢表白，那么你所错过的也许将是一辈子的幸福！

当然，想当将军要从自我的“想”出发，“想”是“当将军”的前提，要当将军只有从“想”这一步出发，如果就连“想”的那一点儿自信都没有，那么这只能表明你是个没有魄力的人了，连想都不敢想，又如何能够成功呢？事情正是因为想而成为了一个开端，万事开头难，如果连想当“将军”的勇气都没有，那么，“当”将军也将是一句空谈！

古有伯乐之说，而在当今这个时代，特别是在我们这个人口众多的国度，实际上，又有几个伯乐可以为你成就千里马的梦想呢？香港首富李嘉诚，如果当初没有“想当将军”的那份动机，那么他的事业又从何而来呢？所以，这足以表明，在这个时代想成就自己的事业，首先必需有想“当将军”的决心。而后沿着“想”的这一缕构思去发挥，才可能通往成功。

社会需要“将军”，时代需要自信，20几岁的年轻人要用想当“将军”的思想，并为你的“将军”梦努力，为我们的社会创造价值。

站的高，才能看得远

如果20几岁的年轻人站高一点，眼界放宽一点，那么他就可能做出更成熟、更长远的决定，而对解决当前面临的职业问题也会有更清醒的认识。

对于20几岁的年轻人来说，富有远见并能整体地看待事情尤其具有重要的现实意义。当面临一个不容易做决定的选择，必须从长远的角度来考虑自己的未来。如果斤斤计较于当前的利益，或是囿于眼前的困难而踯躅不前，那是不会做出最明智的决定的。不过，目光长远并不等于空谈海市蜃楼，意识到这一点是很重要的。缺乏经验的年轻人必须注意，要脚踏实地塑造和追求自己的理想并为之而奋斗。

雄劲的苍鹰在天空展翅翱翔，落在枝头休憩时，一只兔子看见了，就想：看它，每天悠闲自得还有肉吃，而我呢？每天忙碌的奔波，却只能吃些青草。于是兔子也不跑了，转眼的工夫一只狐狸就叼住兔子的脖子，在被吞食的刹那，兔子明白了：要想悠闲有肉吃，就必须站得高，否则就只能不停的奔跑！

现实生活中偏偏就有很多兔子似的人物，小事情看不上，大事情干不了。于是就想起了捷径！真的有不劳而获的捷径吗？每一份收获都是应该和付出成正比的，这是真理。站在高处的人视线范围广，可以掌控一切。可以控制事情的发展方向；可以掌握事情发展的节奏；可以左右事情发展的结果！20几岁的年轻人要懂得厚积薄发，努力使自己站得更高！

一位女孩有一副美丽动听的歌喉，但她却长着一口龅牙，十分难看。可是她十分喜欢唱歌，而且天赋不错，进步很快。有一次，她去参加比赛，在舞台上表演时，她总是有意识地去掩饰自己难看的牙齿，她的表演让观众和评委们感到好笑，她失败了。

但是有位评委却发现她的音乐天赋极佳，在后台找到她，很认真地告诉她："你肯定会成功，但是你必须忘记你的牙齿。"

在这位评委的帮助下，女孩慢慢走出了自己长着龅牙的这一阴影。在一次全国大赛中，她的极富个性化的表演和歌唱令所有现场观众和评委为之倾倒，她终于脱颖而出。

她就是卡丝·黛莉，美国一位著名的歌唱家，她的龅牙同她的名字一样响亮，代表了她的形象歌迷们还称她的牙齿很漂亮。

长了一口龅牙，应该说是一种缺陷。如果你只盯着自己的缺陷，那它只会告诉你是多么的不完美，多么的不幸。可是，你站远了再去打量，这种缺陷有时候却可以成为自己的长处。

20几岁的年轻人应该站得高，看得远。生命的起源是痛楚，没错。孩子一降生他就啼哭，因为他知道痛楚才开始。人是生活的主宰，人能改变自己的命运。只要20几岁的年轻人肯努力，就能改变自己的现状。人是不断变化发展的，20几岁的年轻人需要不断更新、不断完善对自己的认识，才能使自己变得更好和更完美。

如果不想被人小瞧，那么20几岁的年轻人就要有高远的眼光，就要有意识地培养自己各方面的才能，因为人们都喜欢与有能力且靠得住的人交往。20几岁的年轻人只有站得高，视野才会更开阔，只有开阔视野才能看到更多，才能在职场中展现出自己应有的才能，才能找到属于自己的一片天地。

安于现状，只能走向平庸

安于现状就如井底之蛙永远看到的只是巴掌大的一片天。安于现状就好像进入一池死水，波澜不惊，不痛不痒，随波逐流，寿终正寝。这个世界任何时候都是以成败论英雄的，一生的安于现状造就一生的平庸。20几岁的年轻人在职场上如果只是安于现状，最终只能走向平庸。

职场生活中，有多少人在浑浑噩噩地过日子？有多少人在安逸的生活中懈怠？又有多少人认为自己没有什么本事就安于现状、不思进取？有些时候，人们似乎很需要一种危机，来激发人们自身的潜能，唤醒人们内心深处被掩藏已久的人生激情，来实现自己人生的最大价值。人的平庸，多数不是因为自身能力不够，而是因为安于现状、不思进取，没有激发自己的潜能，在平淡机械的生活中埋没了自己。20几岁的年轻人不要羡慕别人头上的光环，因为我们也可以靠自己的努力，靠自己的能力给自己戴上美丽的花冠。

人们常常会以命运多舛为借口逃避责任、放弃自我。很多刚入社会的年轻人会陷入这样一种怪圈，仿佛这样就能为自己开脱所有的罪责，其实这是弱者一种逃避现实的手段。如果20几岁的年轻人能欣然接受这样的心态，现在的生活会很好过，因为只要一遇到困难或者遇到稍微超出自己能力的挑战，我们就可以说成事在天，何不听天命呢？只要有这样的想法，逃避就变得那么理所应当、那么自然，这样平日里就可以麻将声声不绝于耳，美酒杯杯不绝于口，歌曲首首不绝于喉，所谓醉酒当歌，人生几何。20几岁的年轻人在安然之中度过每一天，殊不知时间这个刽子手正在一刀一刀的砍去20几岁年轻人的人生。

可是作为一个刚刚入世的年轻人何苦一定要磨掉自己的棱角，去换取平庸呢？说到这里，某些老江湖可能在暗地里嘀咕："看看，这个愣头青又在这里说一些不成熟、没有社会经验的话了"。这些自以为得道的人，常常是站在已经取得的成就上，以一种过来人的姿态审视20几岁的年轻人，其实他们同样也被自己欺骗了。或许，他们现在已经处在某个很高的位置上，但是他们从不会从另外一个角度考虑："我是否可以有更大的成就，现在这样是否已经发挥我全部的能力，我已经没有潜力了么？"他们因为某种原因走上了人生的某个山顶，却永远的忘记了自己原来要去的那个更高的顶峰，安于现状，最终只能走向平庸。

20 几岁的年轻人应该要知道自己想要什么，能够付出什么，更要记得最开始自己要什么，为了自己想要的付出了什么。失败了又怎么样？反正我们一无所有没什么好输的，输掉无谓的青涩和荒唐的胆怯，输掉令人丧志的世俗，输掉甘于现状的平庸，20 几岁的年轻人就会成为想象中的自己。

甘于现状、不思进取，是在谋杀自己的人生。这样的人永远没有憧憬，永远不会想去改变现状，所以这样的人注定平庸，注定和现在一样或者在某个危机下变得一无所有，

放弃也许会是短暂快乐的开始，因为你不必再为了难题而苦恼，不必为了追求而竭尽全力，你的生活从此变得轻松、变得惬意，但是你的人生会因此一步一步迈向失望的地狱，当你发现的时候，你已经绝望了。20 几岁的年轻人不要老想着放弃，因为这会让你养成放弃的习惯，从而习惯了放弃机会、安于现状、安于平庸。如果你觉得平庸是一口甘泉那你就错了，活着并快乐的人永远是那些不放弃追求、不放弃挑战的人们。他们必须忍受无所事事带给他们的极刑，他们的明天永远是未知的。或许，他们会面临比现在更窘迫的生活，或许明天的他们将一无所有。但是至少在今天，无论从精神还是物质上，他们都敢说："我很充实！"你敢吗？

雄心壮志要适合自身的性格发展

只有那些找到了自己最擅长的职业的人，才能够彻底掌握自己的命运。那些有成就的人，几乎都有一个共同的特征：无论才智高低，也无论从事哪一种行业，他们必然要热爱自己所从事的工作。

很多刚刚参加工作的年轻人整天无精打采，毫无工作与生活的乐趣，他

们怨叹工作的不幸和人生的无聊。他们这样悲观的原因主要是因为他们正做着自己不感兴趣的事。还有一些人有不错的学识，但是因为所从事的职业与他们的才能不相配，结果久而久之竟使原有的工作能力都失掉了。由此可见，一种不称心的职业最容易糟蹋人的精神，使人无法发挥自己的才能。

相反的，厌烦自己的工作，不情愿地去做的话，将永远都无法成长。

对某事怀有热情，不是你想的那样难。谁都会对某一件事感到兴奋，如果一个人没有任何一件喜欢的事，就会虽生犹死。有一句话讲得非常有道理——不值得做的事，就不值得做好。况且，把一生都浪费在"不值得做的事"上，本身就是一件最不值得做的事。所以，你的选择应该是：找到值得做的事，并努力把它做好！

不过你要明白，在某个方面你永远不可能有尽善尽美的才华。那些半途而废的人，很难获得最终的成功。

我们宁可做鞋匠中的拿破仑，宁可做清洁工中的亚历山大，也不要做根本不懂业务的平庸法官。

你的职业只要与自己的志趣相投合，你就绝不会陷于失败的境地。年轻人一旦选择了真正感兴趣的职业，工作起来就总能精力充沛愉快地胜任，而绝不会无精打采、垂头丧气。同时，一份合适的职业还会在各方面发挥你的才能，并使你迅速地进步。兴趣是一种动力，把兴趣和职业结合起来，更容易使你做出成绩。

罗素说过，他的人生目标就是使"我之所爱为我天职"。也就是说，他要把生活中最感兴趣的事情作为其终身职业。这的确是个值得效仿的好榜样。

要确定你的终生奋斗目标，首先要问问你自己的兴趣所在。所谓兴趣，是指一个人力求认识某种事物或爱好某种活动的心理倾向，这种心理倾向是和一种的情感联系着的。"我喜欢做什么？""我最擅长什么？"一个人如果能根据自己的爱好去选择事业的目标，他的主动性将得到充分发挥。即使十分疲倦和辛劳，也总是兴致勃勃，心情愉快；即使困难重重也绝不灰心丧气，而能想尽办法，百折不挠地去克服它，甚至废寝忘食，如醉如痴。爱迪生就是个很好的例子。他几乎每天都在实验室里辛苦工作十几个小时，在那里吃饭、睡觉，但他丝毫不以为苦，“我一生中从未做过一天工作。”他宣称：“我每天其乐无穷。”难怪他会成功。

很多人往往一时很难弄清楚自己的兴趣所在，或擅长什么，这就需要你在实践中善于发现自己、认识自己，不断地了解自己能干什么不能干什么，如此才能取之所长、避它之短，进而取得成功。作家斯贝克一开始并没有意识到自己会成为作家，曾几次改行。开始，因为他身高一米九多，爱上了篮球运动，成为市男子篮球队员。因为球技一般，年龄渐长，又改行当了专业画家。他的画技也无过人之处，当他给报刊绘画时，偶尔也写点短文，终于发现自己的写作才能，从此走上了文学创作的道路。

2000年悉尼奥运会，由于年幼，郭晶晶在三米板项目中无法撼动当时的师姐伏明霞在该项目的统治地位，而取得一枚银牌，而在和伏明霞合作的奥运会新项目双人三米板中却最终不敌俄罗斯组合尤里娅·帕卡琳娜/维拉·伊莲娜屈居第二，使得自己的首次奥运之旅与金牌擦肩而过。郭晶晶的技术特点是起跳有力，动作协调性好，动作难度大。尽管如此，郭晶晶的跳水生涯却充满坎坷。15岁她首次参加奥运会，连续经历了两届奥运会的失败，骨折，改变技术，视网膜脱落，感情出现问题……苦苦等了11年，直到2004年雅典，郭晶晶才最终修成正果。她是历经坎坷走向成熟。作为国内现役运动员的代表，如今她是跳水“梦之队”的领军人物，是中国无人不知的体育明星，她的参赛成绩中有着数不清的世界冠军，然而她仍在默默坚持。关于未来，郭晶晶保持着一贯的沉稳和平静：“我想去学法律，我知道这个学科挺难学的，也很辛苦。但是有了练跳水的经历，任何辛苦对我来说都不算什么！”

我们可以看出：郭晶晶在跳板上的成功，是职业与兴趣结合的最佳体现。她喜欢跳水这项运动，为了实现那完美一跳而不停的去修正肢体、动作，不断地在重复练习中改进不足，缔造完美。用她的话说：“正因为喜欢，才会投入、才会愿意付出。”她具备跳水运动员的先天素质，又有国家队软硬件的优势，在这片成长的沃土，对于郭晶晶来说，只要发挥的好，出成绩是迟早的事。

由此可见，兴趣对职业发展的影响是职业是否能走向真正成功的重要决定因素。因为对职业的兴趣，在工作过程中，很容易投入，并享受过程，容易出成绩，即使遇到不如意或挫败时也能坚持下去，并快速调整心态。

但并不是所有人自身的职业兴趣与他所具备的职业能力是相同的。有些人喜欢将自己的兴趣认为是自己的职业能力，要知道对某一特定职业有兴趣并不意味着一定能干好这个职业，只有在对某一职业感兴趣并达到该职业所要求的技能时，才能做好工作取得成功。职场上真正能像郭晶晶那样将职业与兴趣两者兼顾的并不多，绝大部分人可能因为职业需要，相当长时间内从事与自己兴趣完全相悖的工作，这时我们需要从两方面考虑，

一、目前的工作对未来的发展有很大的帮助，且个人能力也能得到同步提升，选择跳槽得不到当前的优越待遇；

二、这份工作已经无法忍受，没有工作激情，缺乏工作效率，无法获得提升，等同于浪费时间。

如果是前者，请珍惜岗位，继续加油工作，从中获得更多的成长。如果是后者，建议尽快为自己做一个职业规划，找出自己的优势、特长、兴趣所在，为自己设定一个职业目标，获得职业发展新突破。

20几岁的年轻人应该在了解了兴趣与各种职业之间的关系之后，应对自己的兴趣做一个估价。有条件的话，你不妨参加一次标准化兴趣测试，以此准确把握你的兴趣所在，寻找一份可以满足你已查明兴趣的工作，千万不可迁就随便的一份工作！你可以通过对自己经历的回顾，在此基础上，将自己的兴趣归于某种兴趣类型，并与相应的职业对比，可以帮助你选择适合自己兴趣的职业。

对于兴趣和各种职业之间的关系，国内学者根据加拿大职业分类词典做了如下分类：

兴趣类型A：愿与事物订交道——喜欢同具体事物打交道，默默无闻，埋头苦干。相应的职业诸如制图、地质勘探、建筑设计、机械制造、计算机操作、会计、出纳等。

兴趣类型B：愿与人接触——喜欢同人交往，结交朋友，对销售、公共关系、采访、信息传递一类活动感兴趣，相应的职业如推销员、公关人员、记者、咨询人员、教师、导游、服务员等。

兴趣类型C：愿做规律性工作——喜欢常规性、重复的、有规则的活动，习惯在预先安排好的程序下工作。相应的职业如图书管理员、文秘、统计、打字、公务员、邮递员、档案管理等。

兴趣类型D：喜欢从事帮助他人的工作——乐于助人，试图改善他人状况，帮助他人排忧解难，相应的职业如福利工作、慈善事业、医生、律师、保险业、护士、警察等。

兴趣类型E：愿做领导和组织工作——喜欢掌管一些事情，希望受人尊敬并获得声望，在活动中时常起骨干作用。相应的职业如政治家、企业家、社会活动家、行政管理、学校辅导员等。

兴趣类型F：喜欢研究人的行为——对人的行为举止和心理状态感兴趣，喜欢谈论人的问题，相应的职业如社会学、心理学、人类学、组织行为学、教育学、政治学等方面的研究和调查分析。

兴趣类型G：喜欢钻研科学技术——对分析的、推理的、测试的活动感兴趣，长于理论分析，喜欢独立工作并解决问题，也喜欢通过试验做出新发现。相应的职业如气象学、生物学、天文学、物理学、化学、地质学等研究和实验。

兴趣类型H：喜欢抽象的和创造性工作——对需要想象力和创造力的工作感兴趣，喜欢独立工作，乐于解决抽象问题，具有探索精神，相应的职业如哲学研究、科技发明、经济分析、文学创作、数理研究等。

兴趣类型I：喜欢操作机器——对运用一定技术、操作各种机械去创造产品或完成任务感兴趣。喜欢使用工具，尤其是大型的马力强的先进机械。相应的职业如飞机、火车、轮船、汽车的驾驶，机械装卸、建筑施工、石油、煤炭的开采等。

兴趣类型J：喜欢具体的工作——希望能很快看到自己的劳动成果，愿从事制作有形产品的工作。相应的职业如室内装饰、时装设计、摄影师、雕刻家、画家、美容美发、烹饪、机械维修、手工制作、证券经纪人等。

兴趣类型K：喜欢表现和变化的工作——对表演、运动、惊险、刺激的事情感兴趣，喜欢经常变动、无规律的但具有挑战性的工作。相应的职业如演员、运动员、作曲家、旅行家、探险家、特技人、海员、职业军人、警察等。

第十三章

20几岁该挣的不只是薪水，是潜在机遇

机遇总是可遇不可求的，职场上的一次好的机遇对于职场人士的发展至关重要。很多人会抱怨机遇总是没有降临到自己身上，殊不知，职场上其实处处有机遇，只看你能不能发现它，能不能抓住它。相较于薪水来说，20几岁的年轻人在职场上更要争的是潜在的机遇。只有牢牢地把机遇抓在自己的手中，20几岁的年轻人才能在职场上更上一层楼。但机遇并不是显而易见的，也不会平白无故就降临到你的身上，20几岁的年轻人要想在职场上更上一层楼，就要学会发现机遇，创造机遇，用能谋善断的头脑紧紧抓住每一个机遇。

跳槽还是卧槽，机遇总难把握

选择跳槽还是卧槽，其实我们都是期望能早点达到自己的目标，它们只是我们到达目的地的两种不同的工具。20几岁的年轻人要正确的认识自己，把握好跳槽或者卧槽的机遇。

跳槽也好，卧槽也罢，形式不同，但目的都是一样，都是在谋求自己的职业生涯能更上一个台阶，其本身的形式和目的并没有是非之分，好坏之别。问题在于有些人跳槽时目标不很明确，哪里钱多就往哪里跳，哪个公司名气响就往哪里闯，久而久之，就像一群候鸟飞东飞西，永远成不了雄鹰；而有些人很少跳槽，而是卧槽，着眼于就地经营，每到年底不仅得到了丰厚奖金的实惠，而且总以自己的良好业绩，求得升职或加薪，久而久之，成了羽毛丰满的坐山雕。

“卧槽不如跳槽”指的是人在同一公司的晋升速度不如更换公司来得快。究其原因，恐怕是由于“金字塔原理”：即越靠上的位置越少，相对而言晋升机会就越小，在一个公司范围内机会自然就更少。的确有不少人因为跳槽而在数年之内变得位置显赫，而原来同在一处起步的同事却进步甚微。这些现象都促使许多人萌生了伺机跳槽的念头，在一个公司服务了几年之后，对于外面的机会就变得格外关注了，动辄一试，否则心理就失去平衡。

20几岁的年轻人不要一味凭借跳跃来实现职场的发展。那些表面上看来是因为跳槽而飞黄腾达的人并不是因为跳槽而获得成功，而是在适当时候抓住了适当的机会——首先，他们的运气非常好，更重要的是，他们之所以能够抓住机会的背后来源于他们在工作中的不断努力与勤奋。

无论机会来自内部还是外部，没有不断的进取心和努力都是不可能抓住的。在这个意义上，“跳槽”与“卧槽”的取胜几率是一致的。

有人这样总结每个时期的跳槽经历——毕业的为寻找发展方向，找到方向的为巩固知识，有了作为就纯粹为了多挣钱，到达顶点则试图寻求稳定的安身之处。无论如何，跳槽都不是职场的终点，而应该是另一阶段发展的起点。

1.规避风险：跳槽不是赌博

跳槽的原因多种多样，有些足以成为离职的决定因素，有些则不那么合理，甚至成为导致短期内再次离职的“隐形”风险。20几岁的年轻人要学会规避这一系列的风险，才能使跳槽成为理性选择，而不仅仅是“碰运气”。

企业文化无论是对企业本身还是对职员，都有很大影响，例如办公室政治、家族式管理等常见问题，基本是由企业文化直接引起的。由于企业文化而跳槽算是一个比较合理的理由。同样，如果因为个人问题无法继续在企业中就职，跳槽也是一种最佳的解决方法。

如今，职场中最常见的跳槽原因就是为高薪。如果薪资明显低于市场水平，无法提升，而原因又不在自己的能力方面，那么此时应该选择跳槽；反之若是自身能力不足，或者薪资本身就很高，只是不符合自身职业规划，就应该考虑提升自己的能力，而非盲目跳槽。

同样，工作环境中的人际关系不和谐，虽然会对个人的发展造成不利影响，但跳槽却不是解决问题的最佳方法。

现实生活中的跳槽远远没有看起来那么美，跳槽者在决定前，应该仔细衡量跳槽理由。

2.准确定位：职业T型发展

职场中的T型发展，就是指在职业发展之初，先在一个相对较窄的专业领域纵深发展，成为该领域的专家，在具有一定积累后，再写上T字上的一横，培养广博的知识和全面的技能，使自己具备高级管理人员的素质。

跳槽无罪，它可能会在个人职业T型发展中具有促进作用，但失败的跳槽却可能影响一生的职业发展，令T字变形，使个人一出道就成为“杂家”而非“专家”。

首先，跳槽者需要审视一下自己的职业竞争力，考虑什么职业最适合自己，当然这要建立在你对自己的兴趣、爱好、特长等充分了解的基础上。

其次，跳槽者应该知道自己要从跳槽中获得的是什么。“为了跳槽而跳槽”是一种最愚蠢的决定，如果下定决心跳槽，必须以清晰的目的为前提。

由于目前整个就业市场形势比较严峻，跳槽更加应该审慎为之，一旦新东家并不像想象中那样好，那才真是骑虎难下。因此，需要在跳槽前，多了解目标公司的发展状况和目标行业的前景如何，也要踏踏实实先做好目前的工作，这是找到更好工作的基础，也是自我积累的必由之路。

最后，则是要选择较好的跳槽时机，这是被很多人忽视的一点。大多数人有了跳槽念头，就会马上找新东家，甩手便跳，这不一定是最好的时机。选择成熟的时机跳槽，可以达到事半功倍的效果。比如可以选择在原来的公司做完较重要的项目，或者取得其他比较大的成绩后再跳槽，那么取得的成果可以为自己在新公司老板那里增加印象分。

选择跳槽还是卧槽，我们都是期望达到自己的目标，所以它们只是我们到达目的地的两种不同的工具。例如我们去旅行，如果目的地是爱尔兰，我们借助的主要工具一定是飞机；如果去百脉泉看水草，那我们坐汽车即可，如果希望欣赏大好春光，自行车也是可以的。也就是我们一定要先清楚自己想去哪里？在职业生涯中，你最需要的是什么？旅游的目的地好选，但职业目标的选择却是一个费心费力的事情，这个现象很正常。职业选择关系到我们的生存，我们生活的物质质量，我们生活的精神质量，认真科学地来选择是非常必要的。而这个选择的前提是明白“你是谁”，只有明白了你的优势你的技能，你才能正确地判断出那个目标适合不适合你。

与其等待机遇，不如创造机遇

生活中处处都充满了机遇，职场中也不缺乏机遇。20几岁的年轻人能否把握到机遇，关键在于行动和克服各种障碍去得到它，而最最重要的是：20几岁的年轻人在职场上要创造机遇，不要等待机遇。

一个机遇，能扭转一个人的职业走向，机遇在成功中具有举足轻重的作用。有人总结出，人的成功取决于三大要素：天才、勤奋和机遇。其中，机遇更是万万不可缺少的。有的人才华过人，有的人勤奋肯干，可总与成功无缘，他们欠缺的便只是机遇了。而相当多的人能够成功，就是因为机遇来了。

机会对每一个人来说都是平等的，20几岁的年轻人要想利用机会，就要成为善用机遇的高手，就必须要有高度的洞察力，去发现机遇、认识机遇，抓住机遇和创造机遇。机会是否愿意降临于你，还要取决于20几岁的年轻人的想象力、工作能力、行动决心、处事经验，以及其他的业务知识。总之，机会只偏爱有准备的人。

机遇是金，稍纵即逝，20几岁的年轻人不能坐着等它，要自己去创造。只有这样，机遇才会来。机遇就是一个看不见，摸不着的东西。所以最好的办法就是，等待机遇找上门不如自己去找机遇，机遇是可以创造的。创造机遇总比等待机遇要来得快。只要20几岁的年轻人相信这一点并且不是懒人，就一定能创造机遇。

很多人在机遇降临时常感觉不到机遇的存在，更不能及时抓住机遇。这或许就是为什么大多数人一辈子庸庸碌碌终一事无成的缘故。甚或有些人在突然而至的多个机遇面前，失去了判断力。不知道该选择什么，一任最佳的机会被别人利用而成就别人梦想。这说明什么？想要成功就要具备成功者的头脑和随时准备成功的素质。

有三个人要被关进监狱三年，监狱长答应满足他们其中每人一个要求。其中，美国人要了三箱雪茄；法国人很浪漫，要了一个美丽的女子为伴；而犹太人则要了一部与外界沟通的电话。三年很快就过去了，第一个冲出监狱大门的美国人，嘴巴鼻孔耳朵里塞满了雪茄，大喊：给我火，给我火！原来监狱长只答应了一个条件，他无奈没有火点烟。接下来走出的是法国人，只见他怀里抱着一个婴儿，美丽的女子手里还牵着一个小孩，挺起的大肚子里还怀着第三个。最后一个从监狱里走出来的是犹太人，他紧紧地抓住监狱长的手说："这三年来我每天都在与外界联系，我的生意不但没有受到影响，反而增长了百分之二百，为了表示谢意，我决定送你一辆劳斯莱斯！"

命运并非机遇，而是对机遇的一种选择和把握，有的人把逆境中的不可多得的机遇当成了一种千载难逢的发展机会。英国人艾略特说：对于不会利用机会的人来说，机会又有什么用呢？人们在嘲笑美国人的贪婪的同时似乎不得不羡慕法国人的浪漫，在为法国人徒增的负担而感慨时，又不能不承认犹太人的精明。"弱者等待机遇。强者创造机遇"谁能把握机遇，谁能主动出击，谁就能改变命运。这是一个颠扑不破的真理！

机会不会自动地找到你，20几岁的年轻人必须不断而又清醒地关注才有可能寻找到机会，但是，第一步必须让人发现你，进而赏识和信赖你。因此，20几岁的年轻人必须勇于尝试，一次次地去叩响机会的大门，总有一扇是会为你而打开。等待机会或者停止前进都将会被人家超越，与其被别人超越，不如自己超越自己，一个人最大的敌人就是自己。因为我们超越了自己，那么任何人都无法超越我们，因为自己才是我们最大的挑战对手。等待机会不如去创造机会，20几岁的年轻人要去主动争取属于自己的机会。

即使是万分之一的机会，也不要放弃

机会总是可遇不可求的，对于20几岁刚踏入职场的年轻人来说，要懂得把握每一个机遇，即使是只有万分之一的机会，也不要轻言放弃。

"不放弃任何一个哪怕只有万分之一可能的机会。"这是著名企业家甘布士的经验之谈。不少聪明人对此是不屑一顾的，其理由是：第一，希望微小的机会，实现的可能性不大；第二，如果去追求只有万分之一的机会，倒不如买一张奖券碰碰运气；第三，根据以上两点，只有傻瓜才会相信万分之一的机会。可是，就是这样的"傻瓜"才会受到机遇的青睐，所有万分之一的可能都贴上了他的"标签"。

有一次，甘布士要搭火车去外地，但事先没有买好车票。正值圣诞前夕，到外地去度假的人很多，因此火车票很难买到。

打电话到车站，得知全部车票已经卖完。不过，售票员还告知可以到车站碰碰运气，看是否有人临时退票，当然，这种机会或许只有万分之一。

甘布士欣然提了行李赶到车站，可是等了好久，一直没人退票，他仍然耐心等待。就在离火车开出站还有5分钟时，一个女人因为家里有急事而匆忙来退票。于是甘布士如愿以偿，搭上了火车。

到了目的地，甘布士给妻子打了一个长途电话："我抓住了那只有万分之一的机会了，因为我相信一个不怕吃亏的笨蛋，才是真正的聪明人。"

甘布士正是靠着不放弃万分之一机会的执著，终于在芸芸众生中脱颖而出，从一家织造厂的小技师，成为拥有5家百货商店的老板，然后又成为企业界举足轻重的人物。

在通往成功的道路上，处处都有可能被错过的良机。如果20几岁的年轻人像甘布士那样，不怕吃亏，善于把握机会，哪怕是万分之一的机会也不放弃，并且努力去奋斗，就一定能实现自己的财富目标。

如何适时地抓住机遇，这是一个人走向成功的先决条件。然而，生活中许多机遇却并不总是自己主动找上门来，而要靠我们去发现、去创造。那种“守株待兔”式的等待机遇、坐享其成，只会贻误时机。

英国剧作家肖伯纳曾经说过：“出人头地的人，都是主动寻找自己所企求的运气的；如果找不到，他们就去创造运气。”肖伯纳所说的“创造运气”，应该就是创造机遇。机遇也许就操纵在我们自己手里，如果20几岁的年轻人不去发现，不去创造，“幸运女神”是不会翩然降临到我们身边的。

一位著名电视节目主持人的经历就是最好的例证。当初她从学校毕业时，目标是谋取一个与电视节目相关的工作，为此她跑遍了首都各家电视台。可每家电视台的负责人都以她缺乏同摄像机打交道的经验为由，婉言谢绝了她。但她没有放弃追求理想，也没有消极等待，而是不断想方设法去寻找机会。几个月后，她从一份杂志的广告中看到一则消息，有一家很小的地方电视台拟招聘一名天气预报播音员。这个工作与她的目标有相当的差距，但它毕竟是在电视工作的范围之内，于是她抓住了这个机会。在这家地方电视台她一干就是两年，以后又在首都一家电视台找到类似的工作。几年后，她终于获得了梦寐以求的电视联播节目主持人的职位。这位女主持人的成功经验就在于她没有坐等机遇，而是以积极的行动去创造机遇。她抓住了在那家小电视台工作的机会，获得了与自己目标有关的职业经验，又在首都电视台积累了必要的工作阅历，最后为自己获得电视联播节目主持人的工作创造了条件。

成功者总是在找出自己奋斗方向的同时，千方百计地去创造自己的机遇和运气；失败者却恰恰相反，他们总是在等待“幸运女神”从天而降，认为成功只是一连串偶然机会的结果。这种心态是应该摈弃的。

山穷水尽疑无路时也有机遇

正所谓“山重水复疑无路，柳暗花明又一村”。20几岁的年轻人在面临职场上的困境时，只要不放弃，多想一想，也许绝境处会有不一样的机遇，会有不一样的奇迹。

多想一步，是我们从死胡同转向阳光大道的指引线，只要再多想一步，也许就会阳光灿烂。有的时候，20几岁的年轻人在职场上只要再向下想一步，也许就会出现巧妙绝伦的结果。

某公司派两名员工去A地卖鞋，员工B到了A地，看到那里的人都赤着脚，他便往公司打电话：“这里的人都不穿鞋，我看在这里推销不行，我马上就返回。”员工C到达A地，见那里人都没有穿鞋，心里暗自高兴，同样也打了电话：“这里的人都没有穿鞋，我看发展前景很好。”于是，公司老板便在A地投资办厂，果真赚了一大笔钱。

员工B和员工C看到的是同一种现象，而员工B与员工C的想法却不同，员工B不肯动脑筋，却让员工C往下想了一步，而找到了新的发展前途。

“山重水复疑无路，柳暗花明又一村。”只要在穷途末路时多想一步，才会发现新的答案，找到新的技巧。20几岁的年轻人在职场上如果多想一步，就会换一种想法，换一种心情，也会找到新的生机。多想一步，才会在风雨过后，架起一道亮丽的彩虹。

古希腊有个大哲学家苏格拉底。哲学家当时是很崇高的职业，因此有很多年轻人来找苏格拉底学习。一天，一个年轻人来了，想要学习哲学。苏格拉底一言不发，带着他走到一条河边，突然用力把他推到了河里。年轻人起先以为苏格拉底在跟他开玩笑，并不在意。结果苏格拉底也跳到水里，并且拼命地把他往水底按。这下子，年轻人真的慌了，求生的本能令他拼尽全力将苏格拉底掀开，爬到岸上。年轻人不解地问苏格拉底为什么要这样做，苏格拉底回答道："我只想告诉你，做什么事业都必须有绝处求生那么大的决心，才能获得真正的收获。"

在走到悬崖前时，不能一下子就跳下去，再多想一步，找到新的生存方法；将要沉底时，再多想一步，兴许你就会得救。20几岁的年轻人在职场上面临困境时，只要坚持自己的信念，多往下想一想，那么即使在绝境中也可能会发现机遇，绝境中也许会有奇迹。

机遇偏爱能谋善断的头脑

机遇对每个人来说都是公平的，20几岁的年轻人要想把握住职场上的机遇，就要有敏锐的观察力和判断力，用观察力和判断力武装自己的头脑，要知道能谋善断的头脑更容易抓住机遇，机遇也更偏爱那些爱动脑筋的人。

机遇虽然是一种客观的事物，但它却是被参与认识世界，改造世界的实践的人创造出来的，它是人的主观能动性与外界环境的客观必然性相"合拍"的产物。当一个人主观条件得到优化，也会影响客观环境的变化，将有利于适应个人发展的良好机遇的发生。成功者的经历证明，客观机遇降临时，自身胆识等方面素质较强的人显然要比一般人更容易捕捉到机遇，才华出众则是抓住机遇的最大资本，而拥有能谋善断的头脑的人也较之一般人更容易找到机遇，机遇也更偏爱他们。

爱因斯坦曾说过："机遇只偏爱有准备的头脑。"有准备的头脑指的就是个人条件。这里的准备主要有两方面的内容：一是知识的积累。没有广博而精深的知识，要发现和捕捉机遇是不可能的。二是思维方法的准备。只具备知识，而没有现代思维方式，就看不到机遇，只好任凭它默默地从你身边溜走。牛顿见苹果落地，触发了灵感，发现了万有引力；伦琴在实验时，从手骨图象中，发现了X射线。耐克鞋受人喜爱，一部分归功于采用了“华夫糕式”鞋底，使鞋子变得轻巧美观。这项设计上的革新来自鲍夫曼，他说：“那天我看见妻子的蛋奶烘烤模，想到鞋底也可以做成华夫糕的模样。”以上这些人平时都既有知识的积累，又具备灵活的思维方式，否则，他们也会像李比希错过发现新元素溴一样，抱憾终生。

在研究中发现，对许多成功者发生决定性影响的机遇次数是极少的，少的只有一次，多的也仅四五次。因此，对于苛求成功的人，机遇的质量重于数量。能谋善断的人要选择对自身成长最有效用的机遇，放弃那些对成材帮助不大的机会，尽可能使机遇在你的成才之路上发挥出最大的作用。机遇是不会主动与你会晤的，20几岁的年轻人只有不断地醒目地亮出你自己、展示你自己，找到赏识你的人，吸引他人的关注和重视，这样才有可能找到机遇。过于含蓄，羞羞答答，不敢亮出自己才能的人，是得不到别人的重视、社会的认可。

创造机遇、争取机遇需要20几岁的年轻人花费极大的心血，但更为重要的是把握好机遇，使其发挥出最大的效力。若是花费许多精力，好不容易争得了机遇，但是却没好好珍惜它，运用和操作机遇时未能把握好，最后功亏一篑那就只能饮恨终生了。在成功的道路上，有的人不喜欢尝试，不愿走崎岖的小道，遇到困难或绕道而行，或望而却步，他们常与机遇无缘。而另一些人，总是很有耐性，尝试着解决难题，不怕吃千般苦，历万道险，结果恰恰是他们能抓住不可复得的机遇，这种人毫无疑问是能谋善断的人。抓住机遇，并没有固定的模式和准则可循，但能谋善断的头脑无疑是非常重要的。20几岁的年轻人平时要留心周围的小事，有敏锐的洞察力，这样才能保证你在机遇来临时不致错过，牛顿不放过苹果落地，伽利略不忽视吊灯摆动、瓦特研究水开后的壶盖跳动……这些都是司空见惯的现象，但是他们那过人的洞察力和能谋善断的头脑使得他们看到了常人看不到的东西，从而有所发明或发现。在日常生活中，常常会发生各种各样的事，有些事使人感到惊奇，引起多数人的注意，有些事则平淡无奇，许多人默然视之，但这并不能排除它能包含重要的意义。一个有敏锐洞察力的人、一个能谋善断的人就能够在日常生活中发现不奇之奇。

19世纪的英国物理学家瑞利从日常生活中观察到端茶时，茶杯会在碟子里滑动和倾斜，有时茶杯里的水也会洒出一些；但当茶水稍洒出一点弄湿了茶碟时，会突然使茶杯不易在碟上滑动。他对此做了进一步研究，做了许多类似的实验，结果发明了一种求算摩擦的方法——倾斜法，他因此获得了意外的惊喜。

富尔顿十岁时，和几个小朋友一起划船钓鱼。富尔顿坐在船舷上，他的两只脚下意识地在水里来回踢着。不知什么时候，船缆松了扣，小船漂走了。富尔顿没有忽视这种生活中的小事，他发现自己的两只脚起到了船桨的作用。富尔顿长大以后，经过刻苦的学习和研究，终于制造出了世界上第一艘真正的轮船。

可见，敏锐的洞察力是把握机遇的好帮手。除了洞察力之外，要想把握机遇，还必须有过人的判断力。有些人不是没有成功立业的机遇，只因他们的判断力太差，所以最终错失机遇。他们做人好像永远不能做主，非有人在旁扶持不可，即使遇到任何一点小事，也得东奔西走地去和亲友邻人商量，同时脑子里更是胡思乱想，弄得自己一刻不宁。于是愈商量愈打不定主意，愈东猜西想愈是糊涂，就愈弄得毫无结果，不知所终。没有判断力的人，即使开了场，也无法进行。他们的一生，大半都消耗在怀疑之中，即使给这种人成功的机遇，他们也永远不会达到成功的目的。

一个成功者，应该具有当机立断、把握机遇的能力。只要他们自己把事情审查清楚，计划周密，就不再怀疑，立刻勇敢果断地行事。因此任何事情只要一到他们手里，往往就能够随心所欲，大获成功。一个头脑清楚、具有判断力的人，他的意志一定十分坚定，他不会模棱两可，更不肯投机取巧。他永远不会徘徊犹豫、东探西问，或是赌气退出而导致前功尽弃。只要计划好了，主意定了，他一定坚持到底。因为他知道，只有这样才可能把握住机遇。

常常听到有些人抱怨命运女神忽略了他，总以为自己碰不上好机遇，总以为能够利用的机遇太少，因而把工作和生活上的一切不顺心的事，都归结到机遇很少光临自己。其实，机遇对于每一个人都是公平的，不存在厚此薄彼的问题，这就像阳光雨露会播撒到大地上的每一块地方一样，关键是一个人面对机遇究竟能不能真正把握住。

在能够把握机遇并且充分地利用机遇的人那里，机会时刻都存在着，对机遇就像有经验的船夫利用风一样，两者之间似乎有一种默契；而在对机遇毫无知觉也不会很好地利用的人那里，即使机遇来到眼前，他也不能及时地抓住，而是常常让机遇白白地溜走。说来神奇，其实机遇经常出现在我们身边，而智者能发现它、利用它走向成功，愚人往往错过它却抱怨命运不公，其原因就在于机遇只偏爱有准备的头脑，有准备的头脑才能辨识和把握机遇。

机遇来自执著的追求

职场的机遇并不少，20几岁的年轻人要懂得抓住职场上的每一次机遇，一旦机遇在手，千万不要懈怠，而是要执著的追求下去，只有这样，机遇才能真正成为有利于你职场发展的机遇。

人生道路上有很多创造成功的机会，但都悄无声息，你是抓住机遇还是执著追求呢？首先，20几岁的年轻人在职场上要懂得抓住机遇，因为机遇是打开创造之门的钥匙，抓住机遇才能走向成功。

机遇抓住时还要执着追求，否则机遇会如流水般从指尖流走，让我们后悔莫及。

霍尔金娜，一个多么响亮的名字，为体操运动带来了无数荣耀。当她被教练选中后，紧紧抓住这条通向体操道路上的机遇，从此她发挥自己特有的优势。她一路走来，执著、坚强充满她的内心。霍尔金娜体操生涯的起步阶段，也正是博金斯卡娅最辉煌的时期。她执著追求着超越她。最终创造了俄罗斯霍尔金娜体操皇后时代。霍尔金娜不仅抓住机遇而且凭着自己的执著成功了。

机遇与执著是创造与成功不可分割的。机遇因有了双手的紧握而有了创造的钥匙；执着因有了机遇而走向创造。因此20几岁的年轻人在抓住机遇的同时，拥有一颗执著追求的心也是必要的。不要让机遇的消逝而失去执着的美丽，不要让执著无处追求，更不要让创造因没有执著而荒废。

人生如弯弯曲曲的水，世事如重重叠叠的山，机遇面前需要执著地追求，才能成功。

当"东方小巨人"姚明加入休斯敦火箭队的时候，机遇与挑战结伴而来，他告诉自己"年轻不应平凡"，并以他那个年龄少有的坚韧坚持着，不断地锤炼打磨自己，用汗水浇灌着希望之花，最终在NBA中占有了一席之地，成就了自己的梦想，也成就了很多人的梦想，成为了中国人的骄傲。

随着时代的不断发展，社会竞争日益加剧。与此同时，人们对机遇重要性的认识也愈加清楚。的确，人的成才，事业的成功都离不开机遇，而机遇又不是由我们的主观愿望所能支配的。它是客观为主观行事提供的某种恰当的时机和有利的条件。

机遇就好似火种，成功的人善于主动去寻找。在人的一生中，机遇无所不在，要善于抓住每一次机遇。你只要有采取行动的决心，有坚持不懈地追求的毅力，勇敢地进行尝试，不气馁，不认输，不限制自己，便可将机遇牢牢的握在自己的手里。弱者只会等待机会，强者却在努力地创造机会。

机遇来临，紧紧把握住就能更上一层楼

进入职场稳定期后，机遇会随时降临你，擦亮眼睛抓住它别放过，它很可能就是助你走上职场快行道的契机！你可以在它降临之前在自己心中做好准备：凡是交到我手上的工作，我都把它当作是自己的事业。秉承这样的信念，你的职场生涯会得到极大的升华。

如今的ING安泰人寿总裁潘乐昌，人生的第一份工作是在友邦集团，入行不久，因为他表现突出，很快就赢得总部的赏识。当时友邦集团在马来西亚与当地人合资经营了另一家寿险公司。这家公司规模很小。公司派潘乐昌过去帮忙，先是担任副总一职，不到一年就由他独挑大梁。

接任后，他就开始苦思如何扩大公司的业务。苦思良久，他推出一套"冒险"的做法，结果又获得成功。事后他总结："利用改变传统佣金的发放方式，让这家小公司转亏为盈。我之所以胆敢尝试这套新做法，一来因为公司小，还能够安抚住人心；二来我将业务重点放在招募新人上，打出的口号是'佣金虽少、训练最好'。对行业里的新手来说还蛮有吸引力的。"也就是说，即使原有的业务员大部分不认同潘乐昌的改革方案而离职，他仍可以凭借新人来推动业务。因此，他不会失败，也不可能失败。

从香港总部受委派到马来西亚经营小公司，可谓是潘乐昌职场生涯中的一次机遇和挑战。他的成功模式可以这样总结："凡是交到我手上的工作，我要利用我与众不同的精算能力和出人意料的操作方法，不仅比别人做得好，而且是别人想不到的。"在现实中，他也确实做到了，这种看似冒险实则安全的操作模式，为潘乐昌的成功起到了关键性的垒石铺路作用。

当然，“出位”要看大环境，也就是职业人所在的企业。如果企业文化提倡员工出位，出位便会赢得提升机会。但有些企业偏于保守，遵循严格的人员晋升通道，员工就应更重视按照既定的途径成长，一些出位的表现可能会遭到周围人的排斥和抵制。对于一些新兴行业和企业，由于内部等级制度尚未形成，大多数人处于同一起跑线，这就给自己创造了出位的机会，展现自己的特点和优势。

某保健品公司想在某省打开市场，但连续两年派人去均无功而返。后来一刚到公司的新人主动请缨，在争取了相关的总部政策支持后，单枪匹马深入该省，巧妙地避开当时的领头品牌在省会等重要城市的种种封杀，同时在营销手段和策略上大胆尝试。最后一举启动市场，一年间将该省的市场业绩做到了公司全国第二。次年，该新人就直接由小区经理被升任为大区经理，两年后成为年销售逾10亿元的集团公司行销总裁。

提醒一下，你要想借机遇出位首先要确保自己有出位的能力，在聚焦的一刹那，展现自己最闪亮的地方，否则，结果将会很糟糕。因此平时的积累很重要，量变到质变，是一个艰辛的过程。现在企业面对的市场环境越来越复杂，尤其是一些突发事件，企业内部出现处理这一问题的空当时，就是出位的时机。在企业内部，一般来说销售、客户服务这些面对市场的岗位，出位的机会比较多。认真积累，抓住瞬间的机会，为自己赢得职业发展的机遇。